KB211084

생물심리학
입문

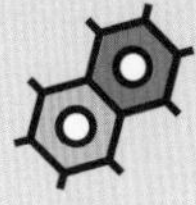

생물심리학 입문

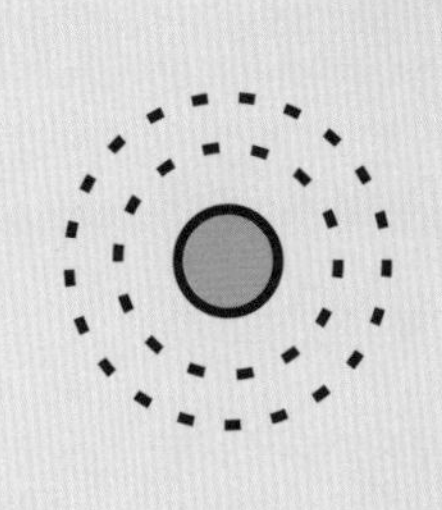

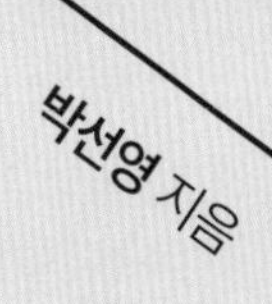

박선영 지음

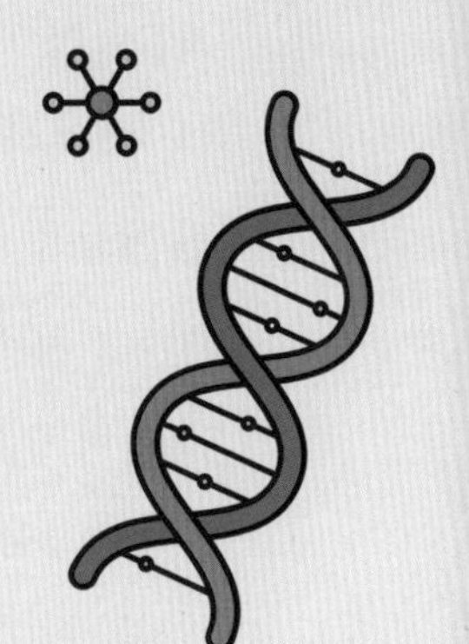

좋은땅

서문

안녕하세요. 저는 한국외국인학교(KIS)에 재학 중인 고등학생 박선영입니다. 생물심리학에 대한 깊은 관심을 계기로 처음으로 책을 쓰게 되었습니다. 제가 이 책을 통해 독자 여러분과 나누고자 하는 것은 생물심리학이라는 흥미로운 분야의 기본 개념들과 이를 통해 인간의 행동과 정신 과정을 이해하는 방법입니다.

생물심리학은 우리의 마음과 행동이 뇌와 신경계, 그리고 더 넓게는 생물학적 시스템에 의해 어떻게 영향을 받는지를 탐구하는 학문입니다. 이 분야는 현대 심리학의 핵심이자, 우리가 인간의 본성과 개별적인 행동을 이해하는 데 필수적인 도구를 제공합니다. 특히, 신경전달과 뉴런의 작용, 뇌의 구조와 기능, 그리고 유전과 환경의 상호작용 등이 우리의 감정, 사고, 그리고 행동에 어떤 영향을 미치는지를 밝혀주는 흥미로운 이야기들이 펼쳐집니다.

저는 이 책에서 생물심리학의 기본 개념들을 쉽게 이해할 수 있도록 설명하려고 노력했습니다. 각각의 주제들은 우리 일상에서 접할 수 있는 예시들과 함께 설명되며, 과학적인 개념을 친숙하게 다가가도록 구성하였습니다. 예를 들어, 사랑과 같은 감정이 단순히 심장에 의한 것이 아니라, 뇌의 특정 영역에서 어떻게 발생하는지를 설명하며, 인간의 감정과 행동이 실제로는 얼마나 복잡하고 정교하게 조절되고 있는지를 보여줍니다.

이 책이 생물심리학에 대한 흥미를 불러일으키고, 더 나아가 이 분야에 대한 깊은 이해를 돕는 데 기여할 수 있기를 바랍니다. 첫 책을 쓰는 과정은 쉽지 않았지만, 여러분과 이 흥미로운 이야기를 나눌 수 있게 되어 기쁩니다. 이 책이 생물심리학을 처음 접하는 독자들에게 작은 영감이 되기를 바랍니다.

감사합니다.

박선영 드림

목차

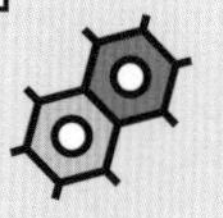

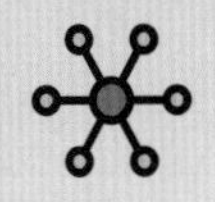
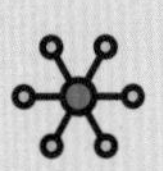

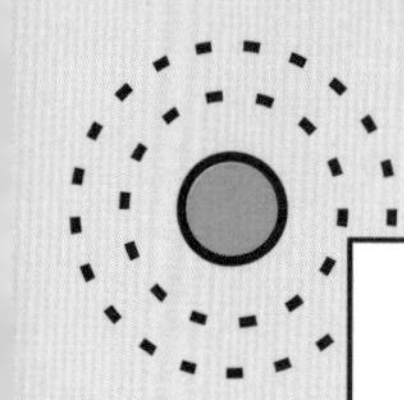

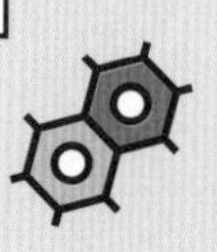

생물심리학 소개

오랜기간 뇌가 어떻게 우리의 "마음"을 조종하는지에 대한 이해는 크게 발전해 왔습니다. 고대 그리스 의사 히포크라테스는 마음의 위치를 뇌로 정확히 지목했습니다. 그의 동시대 철학자, 아리스토텔레스는 마음이 심장에 있다고 믿었으며, 이는 신체에 따뜻함과 활력을 전달한다고 생각했습니다. 따라서 오랜기간 심장은 사랑의 상징이 되었지만, 과학을 통해 사랑은 심장이 아닌 뇌에서 비롯된다는 것을 알게되었습니다. 즉, 사랑에 빠지는 것은 심장을 통해서가 아닌 "뇌"를 통해서 입니다.

모든 행동과 정신과정은 척수와 뇌로 구성된 중추신경계에 의해 발생합니다. 생물심리학은 생물학적 메커니즘이 인간의 행동과 정신과정에 어떻게 영향을 미치는지를 연구하는 심리학의 한 분야입니다. 생물심리학자들은 뇌의 기능을 연구하면서 우리의 행동과 정신과정을 이해하려고 노력해왔습니다. 이들은 MRI 같은 첨단 기술 등을 사용하여 생물학적 과정과 심리학적 과정 간의 연관성을 탐구합니다.

오늘날 생물학적 관점에서 일하는 연구자들은 빠른 속도로 우리의 생물학과 행동, 정신의 상호작용에 대해 연구하고 발표하고 있습니다. 이들의 발견은 우리가 각기 더 작은 하위 시스템으로 구성된 하나의 큰 시스템이는 것을 알려줍니다. 정신 및 행동과 뇌의 연관성을 통해 우리 자신을 더 잘 이해할 수 있게 해주는 생물심리학을 더 깊이 알아가 봅시다.

신경전달

인간과 다른 동물의 정보 시스템은 유사하게 적용됩니다. 인간과 원숭이 뇌 조직의 작은 샘플은 구별하기 어려울 정도로 유사합니다. 이 유사성 덕분에 과학자들은 다른 포유류의 뇌를 연구하여 우리 자신의 뇌 조직을 더 쉽게 이해할 수 있습니다. 차들이 외관은 다르지만 모두 엔진, 가속기, 핸들 및 브레이크를 가지고 있는 것과 마찬가지로, 동물과 인간은 외형이 달라도 기본적인 신체 요소는 동일합니다.

a. 뉴런

신경 시스템의 복잡함은 단순함에서 구축된 것입니다. 신경 시스템의 주요 구성 요소는 뉴런, 즉 신경세포 입니다. 인간이 살아가는 동안 새로운 뉴런이 만들어지고 사용되지 않는 뉴런은 사멸됩니다. 우리의 행동과 정신과정을 이해하려면 먼저 뉴런간의 상호작용과 기능에 대한 이해가 필요합니다.

뉴런은 세포핵을 포함하는 세포체와 섬유로 구성됩니다. 무성한 가지돌기(dendrite)는 정보를 수신하고 통합하여 세포체(cell body)로 전달합니다. 그 다음, 세포의 축삭 섬유의 메시지가 말단가지들을 통해 다른 뉴런으로 전달됩니다.

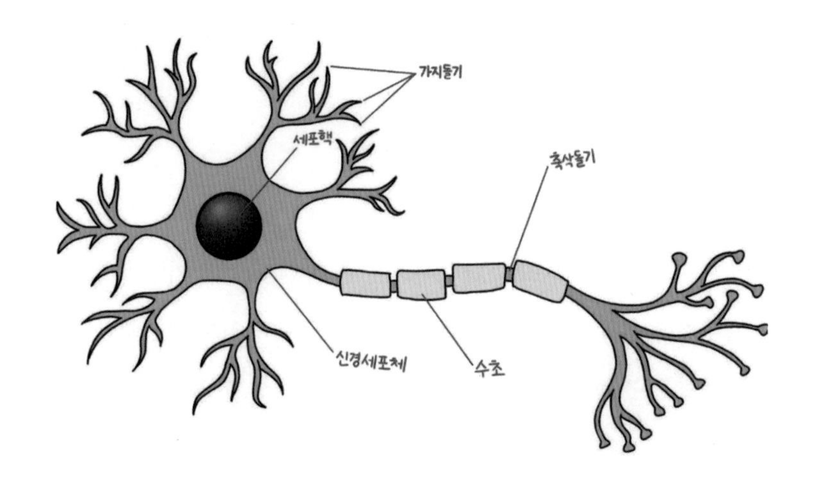

짧은 가지돌기와 달리 축삭돌기(axon)들은 매우 깁니다. 뉴런의 평균길이는 1미터로, 이는 뉴런의 크기(0.1mm)에 비해 매우 깁니다. 일부 축삭돌기 들은 지방 조직 층인 미엘린 수초(myelin sheath)로 둘러싸여 있어 신경자극을 빠르게 전달할 수 있습니다. 미엘린 수초가 퇴화하면 근육 전달이 늦어지고 근육 조절이 상실되며, 다발성경화증(multiple sclerosis)을 일으킬 수 있습니다.

수십억개의 신경세포를 지지하는 것은 교질세포(glial cells)입니다.

교질세포는 일벌과 같습니다. 이들은 영양분과 미엘린을 제공하고 신경연결을 안내하며 이온과 신경전달물질을 처리합니다. 교질세포는 학습, 사고 및 기억에도 중요한 역할을 합니다. 더 복잡한 동물의 뇌일수록 교질세포와 뉴런의 비율이 증가합니다. 아인슈타인의 뇌에서는 더 크거나 많은 양의 뉴런을 발견하지는 못했지만, 평균보다 훨씬 더 많은 교질세포가 실제로 발견되기도 했습니다.

b. 신경 자극

신경 자극 뉴런은 우리의 감각이나 근처 뉴런에 의해 자극을 받았을 때 메시지를 전달합니다. 뉴런은 축삭돌기를 따라 이동하는 짧은 전기 신호인 활동 전위(action potential)라는 자극을 통해 메시지를 전달합니다.

섬유 유형에 따라 신경 자극은 시속 2마일에서 200마일 이상의 속도로 이동합니다. 우리는 뇌 활동을 밀리초 단위로 측정하지만 컴퓨터 활동은 나노초 단위로 측정됩니다. 따라서 컴퓨터의 거의 즉각적인 반응과 달리, 갑작스러운 자극에 대한 우리의 반응은 컴퓨터에 비해 0.25초 이상 더 걸릴 수 있습니다. 뇌는 컴퓨터보다 복잡하지만 단순한 반응을 수행하는 속도는 더 느립니다.

배터리와 같이 뉴런은 화학 작용을 통하여 전기를 생성합니다. 이 과정에서 이온이 교환됩니다. 축삭의 막(membrane) 외부 액체는 주로 양전하를 띤 나트륨 이온으로 구성되어 있습니다. 휴식 중인 축삭의 내부 액체는 주로 음전하를 띠고 있습니다. 축삭의 표면은 게이트를 통해 무엇이 통과할 수 있는지 "선택"하는 역할을 합니다.

대부분의 신경 신호는 흥분성(excitatory) 신호로, 이는 뉴런의 가속 페달을 밟는 것과 유사합니다. 다른 일부는 억제성(inhibitory) 신호로, 이는 브레이크를 밟는 것과 유사합니다. 흥분성 신호가 억제성 신호를 초과하면, 활동 전위를 유발하는 자극 수준인 역치가 초과되면서 활동 전위가 발생합니다. 활동 전위는 축삭을 따라 이동하며 수천 개의 다른 뉴런과 연결된 접합부로 가지를 뻗습니다.

뉴런은 짧은 휴식이 필요합니다. 축삭이 정상 휴식 상태(resting pause)로 돌아갈 때까지 후속 활동 전위가 발생할 수 없는 불응기(refractory period)를 거쳐야합니다.

C. 신경 전달의 단계

1. 역치(threshold): 자극이 일정 강도에 도달해 덴드라이트에 의해 수신됨
2. 탈분극(depolarization): 뉴런이 발화하면 축삭의 첫 번째 섹션이 게이트를 열고 양전하를 띤 나트륨 이온이 열린 채널을 통해 유입됨 (양이온의 일시적인 유입이 활동 전위)
3. 재분극(repolarization): 나트륨 채널이 닫히고 칼륨 채널이 열리며

칼륨이 채널에서 나가도록 함

4. 과분극(hyperpolarization): 막 전위가 더 음전하가 됨
5. 휴지 전위(resting potential): 외부 양전하/내부 음전하 상태

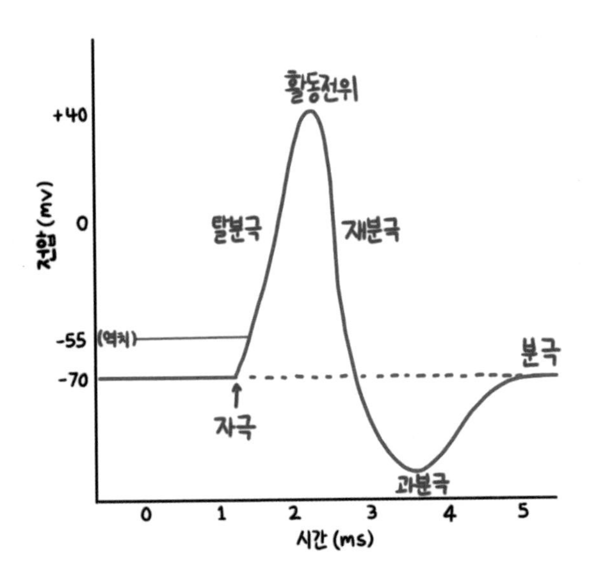

역치 이상의 자극 수준을 증가시켜도 신경 자극의 강도는 증가하지 않습니다. 뉴런의 반응은 전부 아니면 전무(all-or-none response) 반응입니다. 뉴런은 발화하거나 하지 않습니다. 강한 자극은 더 많은 뉴런을 발화시키고 더 자주 발화하도록 할 수 있지만 활동 전위의 강도나 속도에는 영향을 미치지 않습니다. 이는 방아쇠를 더 세게 당긴다고 총알이 더 빨리 나가는 것이 아닌 것과 같은 메커니즘입니다.

d. 뉴런이 소통하는 방식

활동 전위가 축삭 끝의 말단에 도달하면, 신경전달물질(neurotransmitter)이라는 화학적 메신저의 방출을 촉발합니다. 이는 시냅스(synapse), 즉 발신 뉴런의 축삭 끝과 수신 뉴런의 가지돌기나 세포체 사이의 접합부에서 발생합니다. 1/10,000초 내에 신경전달물질 분자는 시냅스 틈을 넘어 수신 뉴런의 수용체 부위에 결합합니다. 이는 열쇠가 자물쇠에 맞는 것과 같습니다. 순간적으로 신경전달물질은 수용 부위의 작은 채널을 열고, 전하를 띤 원자가 유입되어 수신 뉴런의 발화 준비를 흥분시키거나 억제합니다. 과도한 신경전달물질은 결국 흩어지거나, 효소에 의해 분해되거나, 발신 뉴런에 의해 다시 흡수됩니다. 이를 재흡수(reuptake)라고 합니다.

특정 뇌 경로는 하나 또는 두 개의 신경전달물질만을 사용할 수 있으

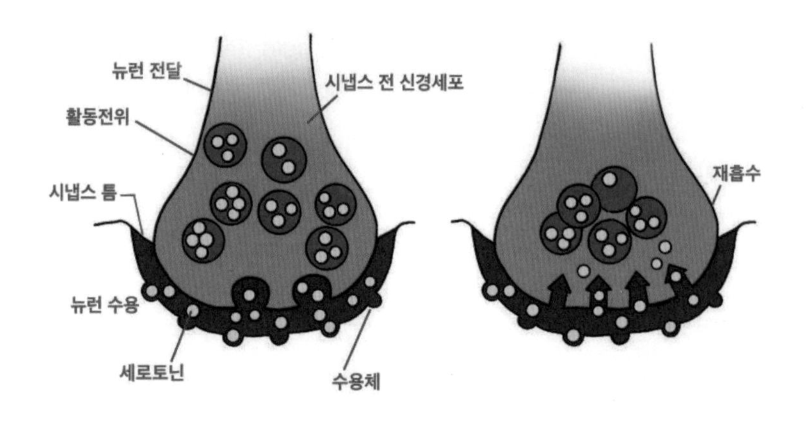

며, 각 신경전달물질은 특정 행동과 감정에 영향을 미칩니다. 그러나 신경전달물질 시스템은 고립된 상태로 작동하지 않으며 상호작용을 통해 수용체에 따라 다양한 효과를 냅니다.

e. 신경전달물질의 유형

◇ 세로토닌(Serotonin): 기분, 식욕, 수면과 각성에 영향을 미침

- 세로토닌 부족은 우울증과 관련 있음

◇ 도파민(Dopamine): 운동, 학습, 주의력, 감정을 조절함

- 도파민 과잉은 조현병과 관련 있음
- 도파민 부족은 떨림과 파킨슨 병과 관련 있음

◇ 아세틸콜린(Acetylcholine): 근육 운동, 학습, 기억을 가능하게 함

- 알츠하이머병이 걸릴 경우 아세틸콜린을 생성하는 뉴런은 퇴화함

◇ 노르에피네프린(norepinephrine): 각성과 경고를 조정함

- 노르에피네프린의 부족은 기분 저하와 관련 있음

◇ 글루탐산(glutamate): 주요 흥분성 신경전달물질

- 글루탐산 과잉은 뇌를 과도하게 자극하여 편두통이나 발작을 유

발할 수 있음

◇ GABA(gamma-aminobutyric acid): 주요 억제성 신경전달물질

• GABA 부족은 발작, 떨림, 불면증과 관련 있음

◇ 엔돌핀(endorphin): 통증이나 쾌락의 인식을 조절하는 신경전달물질

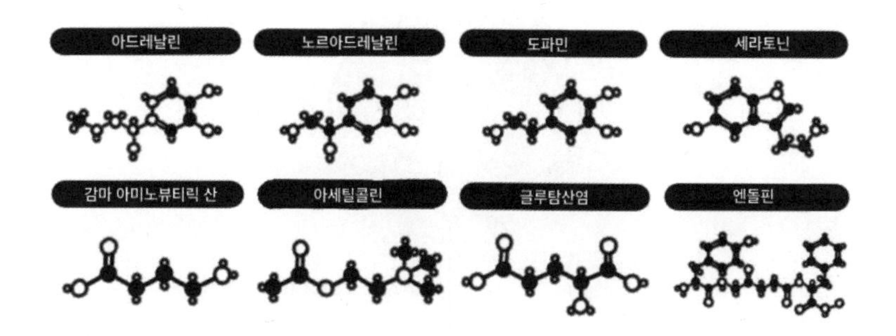

f. 약물 및 화학물질이 신경전달에 미치는 영향

과도한 약물 사용은 뇌의 화학적 균형을 방해합니다. 예를 들어, 헤로인과 같은 아편 약물이 투입되면 뇌는 자연적으로 생기는 아편을 억제하여 우리의 화학적 균형을 유지합니다. 그러므로 약물이 갑작스레 중단되면 뇌는 아편이 부족해져 강한 불편을 유발합니다. 약물을 끊는

데는 금단 증상이 발생하여 큰 고통이 잇따르는 것 입니다. 신경전달 물질을 인위적으로 억제시키는 것에 대한 대가는 분명 있습니다.

약물 및 기타 화학물질은 종종 뉴런의 발화를 흥분시키거나 억제하여 뇌 화학에 영향을 미칩니다. 작용제(agonist) 분자는 신경전달물질의 작용을 증가시킵니다. 일부 작용제는 신경전달물질의 생산이나 방출을 증가시키거나 시냅스에서 재흡수를 차단할 수 있습니다. 다른 작용제는 신경전달물질과 유사하여 수용체에 결합하고 신경전달물

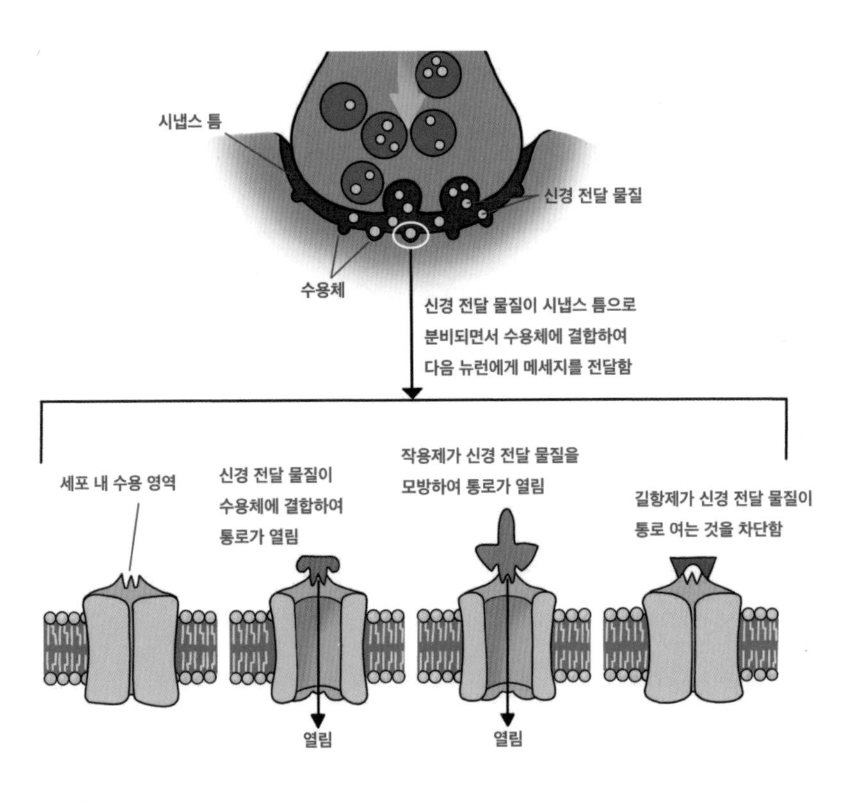

질의 흥분성 또는 억제성 효과를 모방할 수 있습니다. 반대로, 길항제(antagonist)는 신경전달물질의 작용을 차단하여 생산이나 방출을 억제합니다. 예를 들어, 보툴린이라는 독소는 부적절하게 보관된 음식에서 형성될 수 있는 독소로, ACh 방출을 차단하여 마비를 일으킵니다. 이 길항제는 천연 신경전달물질과 유사하여 수용체 부위를 차지하고 효과를 차단하지만, 수용체를 자극하기에는 충분히 유사하지 않습니다. 즉 요약하면, 작용제는 신경전달물질의 작용을 증대시키는 반면 길항제는 신경전달물질의 작용을 차단합니다. 이 두 가지는 정반대의 역할을 합니다.

신경계 및 내분비계

a. 신경계

뉴런은 신경전달물질과 상호작용하며 신경계(nervous system)를 형성합니다. 신경계는 신체의 조직에서 정보를 받아들이고 이를 다시 전달하는 통신 네트워크입니다.

뇌와 척수는 중추신경계(Central Nervous System)를 형성하며, 신체의 의사결정자 역할을 합니다. 말초신경계(Peripheral Nervous System)는 정보를 수집하고 중추신경계의 결정을 신체의 다른 부위로 전달하는 역할을 합니다. 축삭 다발로 형성된 전력케이블인 신경은 중추신경계를 신체의 감각 수용기, 근육 및 샘과 연결합니다.

신경계의 정보는 세 가지 유형의 뉴런을 통해 이동합니다. 감각(sensory)뉴런, 운동(motor)뉴런 및 개재(inter)뉴런 입니다.

지각신경계는 감각기, 피부, 관절 등으로부터 흥분을 감각뉴런(sensory neuron)을 통해 중추까지 전달합니다. 감각 뉴런은 신체의 조직 및

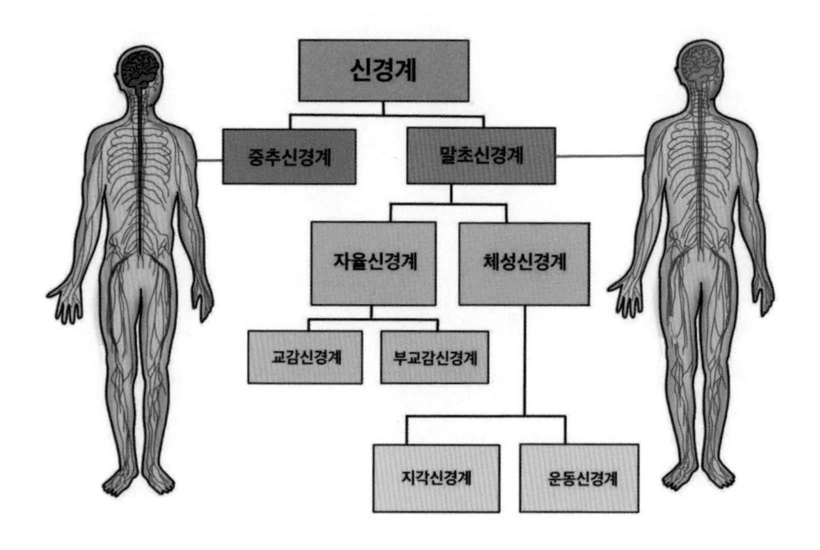

감각 수용기에서 뇌와 척수로 메시지를 전달하여 처리합니다. 운동신경계는 중추로부터 의식적 또는 무의식적 지시를 골격근으로 전하여 운동 뉴런(motor neuron)을 통해 반응을 일으키게 합니다. 운동 뉴런은 중추신경계에서 신체의 근육과 샘으로 지시를 전달합니다. 지각신경계와 운동신경계 사이에서 정보는 척수와 뇌의 개재 뉴런(interneuron)을 통해 처리됩니다. 신경계에는 몇 백만 개의 감각 뉴런, 몇 백만 개의 운동 뉴런, 그리고 수십억 개의 개재뉴런이 있습니다.

말초신경계

말초신경계는 체성(somatic)신경계와 자율(automatic)신경계, 두 가지 구성 요소로 이루어져있습니다. 체성신경계는 우리가 골격근의 자발적인 제어를 할 수 있도록 합니다. 체성신경계는 뇌에 골격근의 현재 상태를 보고하고, 뇌의 지시에 따라 몸을 움직입니다. 예를 들어, 우리가 손으로 책 페이지를 넘기는 것도 채성신경계를 거쳐 몸이 반응하는 것입니다.

자율신경계는 샘과 내부장기 근육을 제어합니다. 자율신경계는 선상 활동, 심장 박동 및 소화와 같은 기능에 영향을 미칩니다. 이 시스템은 보통 자체적으로 작동합니다. 자율신경계는 교감(sympathetic)신경계와 부교감(parasympathetic)신경계로 나뉩니다. 교감신경계는 에너지를 자극하고 소비합니다. 스트레스를 받으면 교감신경계는 심박수를 가속하고, 혈압을 상승시키며, 소화를 느리게 하고, 혈당을 높이며, 땀을 흘리게 만들며 우리의 몸을 "경고 상태"로 만듭니다. 스트레스가 가라앉으면 부교감신경계는 반대효과를 내어 에너지를 절약하고 몸을 진정시킵니다. 교감신경계와 부교감신경계의 상호작용은 항상성(homeostasis), 즉 신체의 셋포인트(set point)를 유지하는 데 도움을 줍니다.

중추신경계

뇌는 우리가 여러 생각을 하며, 다양한 감정을 느끼고, 자유롭게 행동할 수 있게 합니다. 수십억 개의 뉴런은 각각 수천 개의 다른 뉴런과 소통하며 끊임없이 변화합니다. 뇌의 뉴런은 신경 네트워크라는 그룹으로 뭉칩니다. 사람들이 사람들과 네트워크를 형성하는 것처럼 뉴런도 근처 뉴런과 네트워크를 형성하며 짧고 빠른 연결고리를 가질 수 있습니다. 같이 발화하는 뉴런들은 함께 연결됩니다.

중추신경계의 다른 부분인 척수는 말초신경계와 뇌를 연결하는 양방향 정보 고속도로라고 생각하면 됩니다. 척추에서 뇌까지 상승하는 신경섬유는 감각정보를 뇌에게 전달하고, 뇌에서 척추를 통해 하강하는 신경섬유는 우리의 움직임을 제어할 수 있도록 정보를 다른 조직들에게 전달합니다. 반사 신경(reflexes)을 제어하는 신경경로는 척수의 역할을 나타냅니다. 간단한 척수 반사 경로는 단일 감각 뉴런과 단일 운동 뉴런으로 구성됩니다. 두 단일 뉴런은 종종 개재 뉴런을 통해 소통합니다.

또 다른 신경회로는 통증 반사를 가능하게 합니다. 손가락이 불꽃에 닿으면 신경 활동, 즉 자극이 감각 뉴런을 통해 척수의 개재 뉴런으로

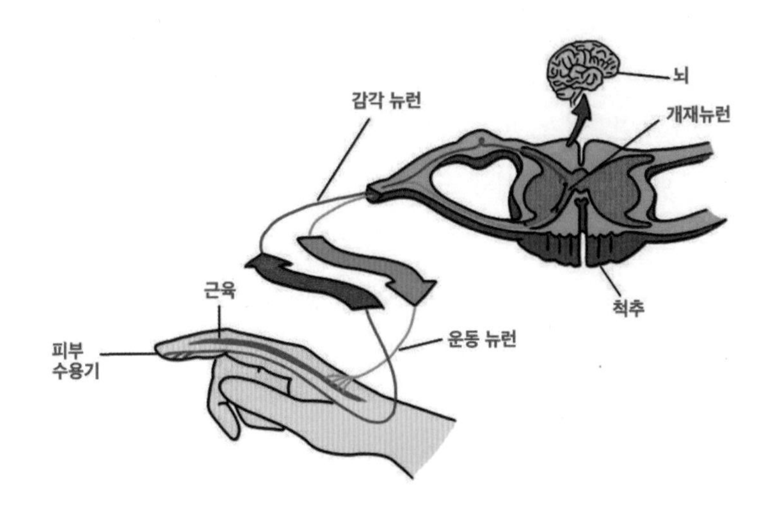

전달됩니다. 이 개재 뉴런은 팔근육에 있는 운동 뉴런들을 활성화합니다. 단순한 통증 반사 경로는 척수를 통해 즉시 반응하므로, 뇌가 정보를 받아 반응하기도 전에 손이 촛불에서 떨어지는 반응이 일어납니다. 그러므로 우리는 의식적으로 손을 떼는 것이 아니라 몸이 반응했다고 느끼는 것입니다.

정보는 척수를 통해 뇌로 전달됩니다. 척수의 상단이 절단되면 마비된 신체에서 통증을 느낄 수 없게 됩니다. 뇌가 신체와 실제로 접촉하지 못하기 때문에 척수 손상 지점 아래의 감각 및 자발적 운동 기능이 상실됩니다. 무릎 반사 반응을 보일 수 있어도 무릎에 대한 아무런 자극은 느끼지 못하게 됩니다. 신체의 통증이나 쾌락을 느끼려면 감각정보가 필수적으로 뇌에 도달해야 합니다.

b. 내분비계

신경계와 연결된 두 번째 통신시스템은 내분비계(endocrine system)입니다. 내분비계는 신체의 "느린" 화학 통신 시스템입니다. 내분비계의 샘은 호르몬(hormone)이라는 화학 전달자를 분비하여 혈류를 통해 뇌와 같은 다른 조직에 영향을 미칩니다. 호르몬이 뇌에 작용할 때, 성욕, 식욕, 공격성에 영향을 미칩니다.

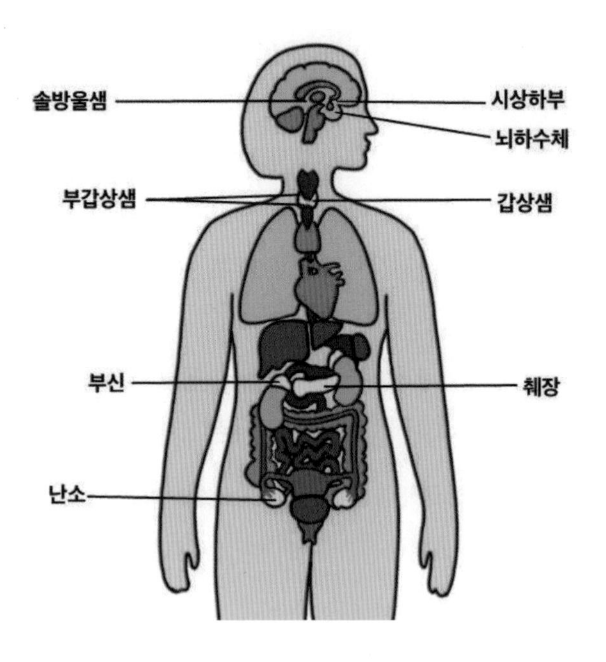

일부 호르몬은 신경전달물질과 화학적으로 동일합니다. 내분비계와 신경계는 가까운 친척관계라고 할 수 있습니다. 두 시스템 모두 다른 곳의 수용체에 작용하는 분자를 생성한다는 공통점이 있습니다. 그러나 두 시스템은 다른 점도 분명 있습니다. 빠른 신경계는 눈에서 뇌로 메시지를 전달하는데 단 1초도 걸리지 않는 반면, 내분비 메시지는 혈류를 통해 천천히 이동하여 샘에서 목표조직까지 몇 초 또는 그 이상이 걸립니다.

느린 내분비 메시지는 신경 메시지보다 오래 지속됩니다. 분노의 원인이 해결된 후에도 분노가 계속된 경험이 있지 않나요? 이는 감정 관련 호르몬의 영향 때문일 수 있습니다. 내분비계는 상대적으로 느린 전달과정을 거치기 때문에 호르몬의 영향이 더 지속됩니다. 그러므로 상황이 끝나고도 감정이 지속되는 현상이 나타나는 것입니다.

위험한 순간에 자율신경계는 신장 위의 부신(adrenal gland)을 통해 아드레날린(adrenaline)과 노르아드레날린(noradrenaline)을 분비하라고 명령합니다. 이 호르몬은 심박수, 혈압 및 혈당을 증가시켜 투쟁 도피 반응(fight-or-flight response)으로 알려진 에너지를 제공합니다. 위기 상황이 지나가도 호르몬은 한동안 남아 있습니다.

가장 영향력 있는 내분비샘은 뇌의 중심에 위치한 완두콩 크기의 뇌하수체(pituitary gland)입니다. 이는 인접한 뇌 영역인 시상하부(hypothalamus)에 의해 통제됩니다. 뇌하수체에서는 여러가지 호르몬이 분비되는데, 그 중 하나는 신체발달을 자극하는 성장호르몬(growth hormone)입니다. 또 다른 호르몬은 옥시토신(oxytocin)으로, 이는 짝짓기, 그룹 결속, 사회적 신뢰를 촉진시키는 호르몬입니다.

뇌하수체는 다른 내분비샘이 호르몬을 분비하도록 지시하는 마스터샘 역할도 합니다. 예를 들어 뇌하수체는 성선(sex gland)에 성 호르몬을 분비하도록 지시하여 행동에 영향을 미칩니다. 또한 스트레스가 발생하면 뇌하수체는 부신이 코르티솔(cortisol)이라는 스트레스 호르몬을 분비하도록 지시하여 혈당을 높입니다.

뇌 연구

뇌, 행동, 인지는 하나로 통합되어 있습니다. 마음의 기능이 어디에서 어떻게 뇌와 연결되는지를 알아내기 위해 과학자들은 다양한 방법으로 연구해왔습니다.

a. 뇌 검사

인류역사 상 과학자들은 살아있는 뇌의 활동을 알 수 있을만큼 발달된 도구가 없었습니다. 초기사례 연구들은 각 영역의 뇌가 담당하는 기능을 추측하는데 도움이 되었습니다. 뇌의 한쪽이 손상되면 신체의 반대쪽이 마비되거나 무감각해지는 경우가 많았으며 이는 신체의 오른쪽이 좌뇌와 연결되어 있고 그 반대도 마찬가지임을 시사했습니다. 뇌의 뒤쪽이 손상되면 시력을 잃게 되고 왼쪽 앞이 손상되면 말하는 것에 어려움이 발생했습니다. 이런 단서들을 통해 점차적으로 초기 과학자들은 뇌의 기능을 영역별로 그려낼 수 있었습니다.

현 세대의 신경과학자들은 세상에서 가장 신기한 장기, 뇌를 지도화하고 있습니다. 과학자들은 주변 조직은 손상되지 않도록 하면서 특정 뇌영역을 선택적으로 병변(lesion) 시킬 수도 있습니다. 실험실에서 이러한 연구는 뇌의 특정 영역이 어떠한 행동이나 정신 과정을 담당한다는 것을 밝혀냈습니다.

오늘날의 신경과학자들은 다양한 뇌 부분을 자극하고 그 효과를 기록할 수 있습니다. 뇌 특정 부분을 자극함에 따라 사람들은 웃거나, 목소리를 듣거나, 머리를 돌리거나, 떨어지는 듯한 느낌을 받을 수 있습니다.

과학자들은 개별 뉴런의 메시지도 확인할 수 있습니다. 현대의 미세전극은 단일 뉴런의 전기 펄스를 감지할 수 있을 만큼 섬세하여, 신체의 일부가 자극될 때 정보가 뇌에서 어디로 가는지 정확히 알 수 있습니다. 연구자들은 뇌가 에너지를 소비할때 수십억 개의 뉴런들이 활성화되는 것을 볼 수 있습니다.

신경과학자들은 뇌 전체의 활동을 관찰할 수 있습니다. 현재 우리의 정신 활동은 전기, 대사 및 자기 신호를 방출하고 있고, 이것을 통해 과학자들은 뇌 활동을 관찰할 수 있습니다. 뇌의 수십억 개의 뉴런에서 발생하는 전기활동이 뇌의 표면을 가로질러 규칙적인 파동으로 퍼집니다. EEG(뇌파검사)는 이러한 파동의 증폭을 분석하는 기계입니다.

뇌 활동의 EEG를 연구하는 것은 자동차 엔진의 소리를 통해 그것을 연구하는 것과 같습니다. 뇌에 직접 접근하는 것은 불가능하기 때문에 연구자들은 자극을 반복적으로 제공하여 자극이 닿지 않는 뇌 활동은 컴퓨터로 필터링하여 자극에 의해 유발된 전기파만 남도록 합니다.

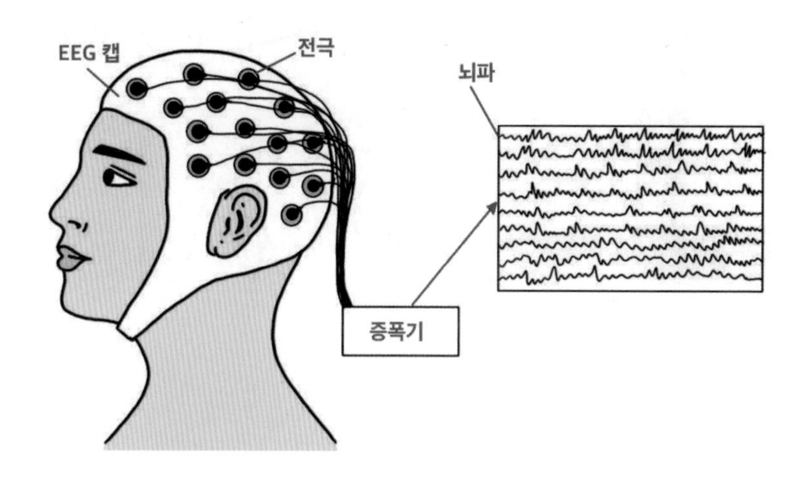

관련 기술인 MEG(자기뇌파검사)는 뇌의 전기활동에서 발생하는 자기장을 측정합니다. 연구자들은 지구자기장과 같은 다른 자기 신호를 차단하는 특수방을 만들어 뇌에서 발생하는 자기장을 다른 자기장들로부터 분리합니다. 헤드 코일을 머리에 씌우고 참가자들이 여러가지 주어진 활동을 완료하는 동안, 수많은 뉴런이 전기 펄스를 형성하면서 자기장을 생성합니다. 자기장의 속도와 강도는 연구자들이 특정 작업이 뇌 활동에 얼마나 영향을 미치는지 이해하는 데 큰 도움을 줍니다.

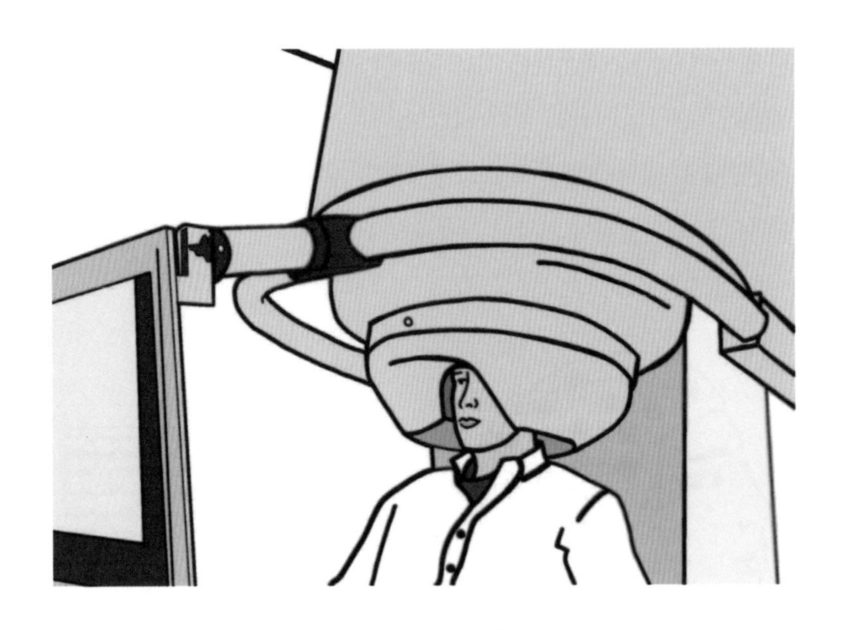

CT(컴퓨터 단층촬영) 스캔은 뇌를 다양한 각도로 엑스레이 사진을 촬영하여 뇌 손상을 확인합니다. PET(양전자 방출 단층촬영) 스캔은 뇌 활동을 각 뇌 영역의 포도당 소비를 보여주며 분석합니다. 활동적인 뉴런은 포도당을 많이 소비합니다. 우리의 뇌는 체중의 약 2%에 불과하지만 칼로리 섭취량의 20%를 소비합니다. 일시적으로 방사성 포도당을 주입받은 사람은 작업을 수행할 때 감마선이 방출됩니다. PET 스캔은 이때 방출되는 감마선을 추적합니다. 이것을 통해 PET 스캔은 사람이 수학을 계산하는 것과 같이 특정 활동을 수행할 때 가장 활동적인 뇌 영역들을 보여줍니다.

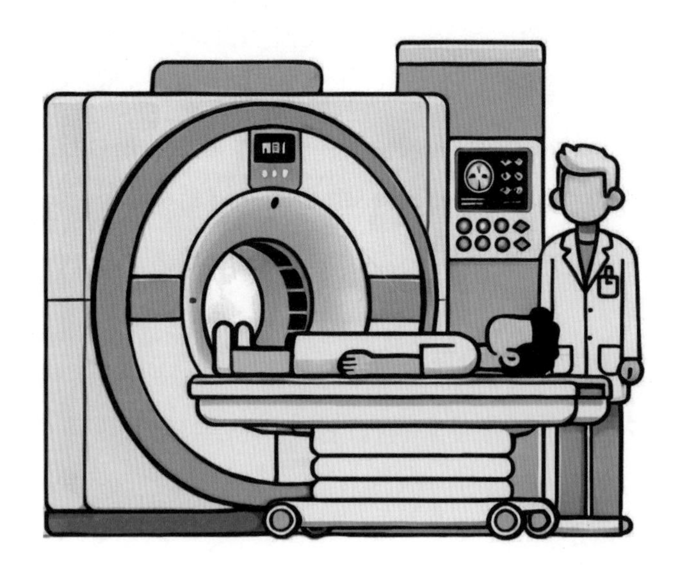

MRI(자기공명영상)는 사람의 머리를 강한 자기장에 놓아 뇌의 수소 원자핵을 회전시킵니다. 그런 다음 라디오파 펄스가 원자를 일시적으로 혼란시키고, 원자가 정상회전으로 돌아가면서 신호를 방출하여 뇌를 포함한 연조직의 상세한 컴퓨터 이미지를 생성합니다.

fMRI(기능적 자기공명영상)는 뇌의 구조, 기능을 보여줄 수 있습니다. 혈액은 특히 더 활동적인 뇌 영역으로 흐릅니다. 연속적인 fMRI 스캔을 비교하여 연구자들은 산소와 영양분이 풍부한 혈액 흐름에 따라 특정 뇌 영역이 활성화되는 모습을 관찰할 수 있습니다. 예를 들어 사람이 어떤 장면을 보며 시각 자극이 발생했을때 fMRI는 시각 정보를 처리하는 뇌의 뒤쪽으로 혈액이 몰리는 것을 감지합니다.

이러한 뇌활동의 스냅샷은 뇌가 어떻게 작업을 분담하는지에 대한 새로운 시각을 제공합니다. fMRI 연구는 사람들이 통증이나 거부감을 느끼거나, 화난 목소리를 듣거나, 무서운 것을 생각하거나, 행복을 느끼거나, 성적으로 흥분할 때 어떤 뇌 영역이 가장 활동적인지를 보여줍니다.

뇌를 탐지하는 기계의 유형

- EEG(뇌파검사): 두피에 부착된 전극이 뉴런의 전기활동을 측정
- MEG(자기뇌파검사): 뇌의 전기흐름에서 발생하는 자기장을 머리코일이 기록
- CT(컴퓨터 단층촬영): 머리의 엑스레이를 통해 뇌 손상을 확인
- PET(양전자 방출 단층촬영): 방사성 포도당을 주입받은 사람이 특정 작업을 수행할 때 사람의 포도당이 이동하는 경로를 추적
- MRI(자기공명영상): 사람을 자기장이나 무선 전파가 있는 방에 앉히거나 눕혀 뇌 구조를 지도화
- fMRI(기능적 자기공명영상): 연속적인 MRI 스캔을 비교하여 뇌 영역으로 가는 혈류를 측정

기능적: EEG, MEG, PET

구조적: CT, MRI

둘 다: fMRI

연구자들은 현재 뇌영역이 독립적으로 작동하는 방식뿐만 아니라 다양한 뇌영역이 함께 작동하는 방식을 이해하려고 합니다. 이들은 심리적 장애에 대한 단서를 제공할 수 있는 뇌의 연결성을 탐구합니다.

오늘날의 뇌 탐구 기술은 심리학에 엄청난 기여를 하고 있습니다. 이를 통해 우리는 지난 30년 동안 그 이전 30,000년 보다 뇌에 대해 더 많은 것을 배웠습니다. 그리고 매년 뇌 연구에 막대한 자금이 투입되면서 앞으로 10년 간은 훨씬 더 많은 것을 발견하게 될 것입니다. 지금 뇌과학은 황금시대를 맞이하였습니다.

b. 고대 뇌

동물의 능력들은 그들의 뇌구조에서 비롯됩니다. 상어와 같은 원시동물에서는 주로 호흡, 휴식, 섭취 등 기본 생존기능을 조절하는 비교적 단순한 뇌구조를 갖고 있습니다. 설치류와 같은 하등 포유류에서는 더 복잡한 뇌가 감정을 느끼게하고 더 많은 기억을 할 수 있게 합니다. 인간과 같은 고등 포유류에서는 예측할 수 있는 능력까지 지닌 더 많은 정보를 처리하는 뇌가 있습니다.

뇌가 커지는 복잡성은 새로운 시스템이 오래된 시스템 위에 구축되는 것에서 비롯됩니다. 뇌의 토대부터 새로운 시스템까지 살펴보겠습니다.

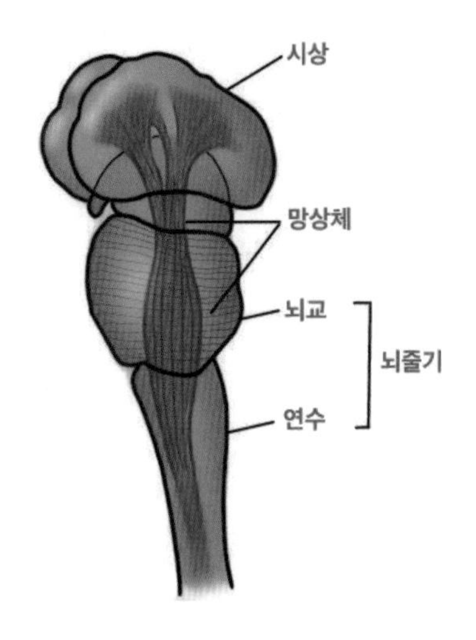

뇌간

뇌간(brainstem)은 뇌의 가장 오래된 중심 부분입니다. 그 기저는 척수가 두개골에 들어간 직후의 약간의 부종인 연수(medulla)입니다. 뇌간은 심장박동과 호흡과 같은 자동 생존 기능을 담당합니다. 연수 바로 위에 있는 교뇌(pons)는 움직임을 조정하고 수면을 제어하는 데 도움을 줍니다. 뇌간은 대부분의 신경이 뇌의 각 측면과 신체의 반대쪽을 연결하는 교차점입니다. 이 특이한 교차 배선은 뇌의 놀라움 중 하나입니다.

시상

뇌간 위에 위치한 시상(thalamus)은 뇌의 감각 제어 센터로, 뇌간의 상단에 위치해 있습니다. 시상은 후각을 제외한 모든 감각에서 정보를 받아들이는 것과 관련된 상위 뇌 영역으로 전달합니다. 또한, 시상은 상위 뇌의 일부 응답을 받아 이를 연수와 소뇌로 전달합니다. 감각 정보에 대해 시상은 다양한 위치로 통행이 들어오고 나가는 중심 허브와 같습니다.

망상체

뇌간 내부, 귀 사이에 위치한 망상체(reticular formation)는 척수에서 시상까지 확장되는 뉴런 네트워크입니다. 척수의 감각인풋이 시상으로 올라갈 때, 일부는 망상체를 통해 이동하여 들어오는 자극을 필터링하고 중요한 정보를 다른 뇌 영역으로 전달합니다. 망상체는 각성 제어에도 중요한 역할을 합니다. 잠자는 고양이의 망상체를 전기자극하면 고양이는 즉시 깨어납니다. 고양이의 망상체를 절단했을 때, 그 효과는 극적으로 나타났습니다. 고양이는 다시 깨어나지 못한 채 혼수상태에 빠졌습니다.

소뇌

뇌간의 후방에서 확장된 야구공 크기의 소뇌(cerebellum)는 뇌와 유사한 두 주름진 반쪽을 갖고 있어 “작은 뇌”라고도 불립니다. 소뇌는 비

언어적 학습과 기술기억을 가능하게 합니다. 또한 시간을 판단하고, 감정을 조절하며, 소리와 질감을 구별하는 데 도움을 줍니다. 그리고 뇌교의 도움을 받아 자발적인 움직임을 조정합니다. 소뇌에 부상을 입으면 걷기, 균형 유지, 악수하기가 어려워집니다. 움직임이 격렬해지고 과장될 것입니다.

고대 뇌 영역은 우리의 의식 밖에서 정보를 처리합니다. 우리는 현재의 시각경험과 같은 뇌의 작업 결과를 인식하지만, 시각 이미지를 구성하는 방법은 인식하지 못합니다. 마찬가지로, 우리가 잠들어 있던 깨어있든 뇌간은 생명 유지 기능을 관리합니다. 새로운 뇌 영역은 생각하고, 말하고, 꿈꾸거나 기억을 즐길 수 있도록 합니다.

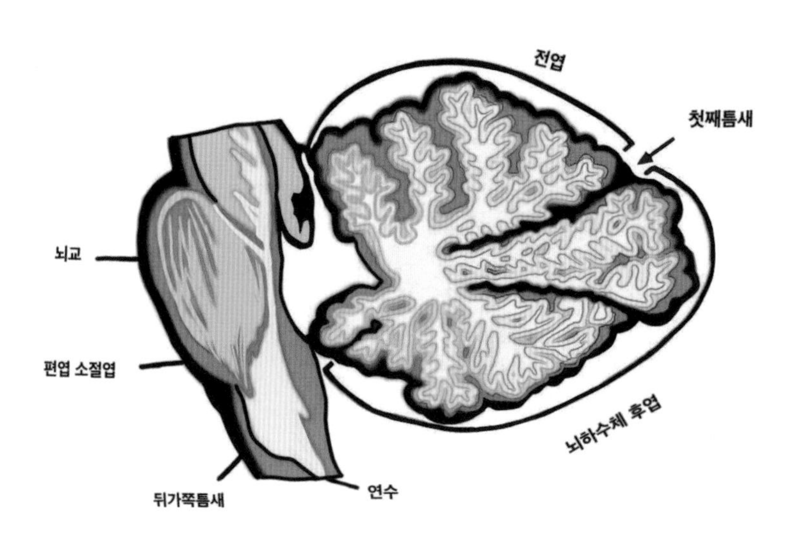

C. 변연계

변연계(limbic system)는 대뇌 반구 아래에 위치한 신경시스템으로, 이는 편도체, 시상하부 및 해마를 포함합니다. 이는 감정, 욕구와 관련이 있습니다.

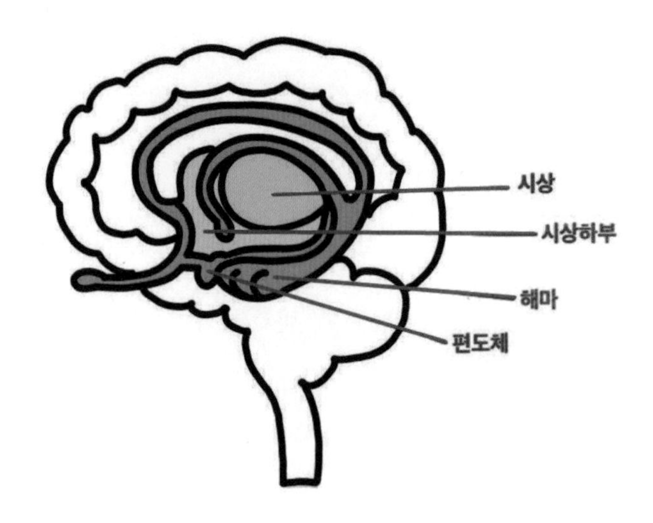

편도체

연구에 따르면 편도체(amygdala)는 두 개의 콩 모양의 신경 클러스터로, 공격성, 두려움과 관련이 있습니다. 성질이 나쁜 원숭이의 편도체를 제거하게되면, 원숭이는 온순해집니다. 인간도 마찬가지입니다. 편도체에 병변이 있는 사람들은 종종 두려움과 분노를 유발하는 자극에 대한 각성이 감소합니다. 편도체는 두려움과 분노와 같은 감정을 담당하기에 편도체 손상이 있는 원숭이와 인간은 낯선 사람에 대한 두려움도 줄어듭니다.

다른 연구들은 편도체 기능 장애와 범죄 행동을 연결합니다. 사람들이 화난 얼굴과 행복한 얼굴을 볼 때, 화난 얼굴만이 편도체의 활동을 증가시킵니다. 그러나 우리는 조심해야 합니다. 뇌는 우리의 행동 범주에 대응하는 구조로 깔끔하게 조직되어 있지 않습니다. 우리가 두려움을 느끼거나 공격적으로 행동할 때, 뇌의 많은 영역에서 신경 활동이 발생합니다.

시상하부

시상하부(hypothalamus)는 시상 바로 아래에 위치하여 신체 유지 관리 명령 체계에서 중요한 연결 고리 역할을 합니다. 시상하부의 일부 신경 클러스터는 배고픔에 영향을 미치고, 다른 부분은 갈증, 체온 및 성적 행동을 조절합니다. 이들은 안정된 내부 상태를 유지하는 데 도움을 줍니다.

시상하부는 혈액 화학과 다른 뇌 부분에서 들어오는 명령을 통해 신체 상태를 모니터링합니다. 또한 시상하부는 뇌의 대뇌 피질에서 신호를 받아 호르몬을 분비합니다. 이 호르몬은 인접한 내분비계의 "마스터 샘"인 뇌하수체를 자극하여 다른 샘이 호르몬을 분비하도록 합니다. 이러한 호르몬은 대뇌 피질의 특정 생각을 강화합니다.

해마

해마(hippocampus)는 사건의 의식적, 명시적 기억을 처리하며 나이가 들수록 크기와 기능이 감소합니다. 해마를 잃은 인간은 새로운 기억을 형성할 수 없습니다. 어린 시절 해마에 뇌종양이 생긴 사람들은 성인이 되어도 새로운 정보를 기억하는 데 어려움을 겪습니다. 해마의 크기와 기능은 나이가 들수록 감소합니다. 이는 나이든 사람들이 새로운 기억을 형성하는데 어려움을 겪는 이유를 설명합니다.

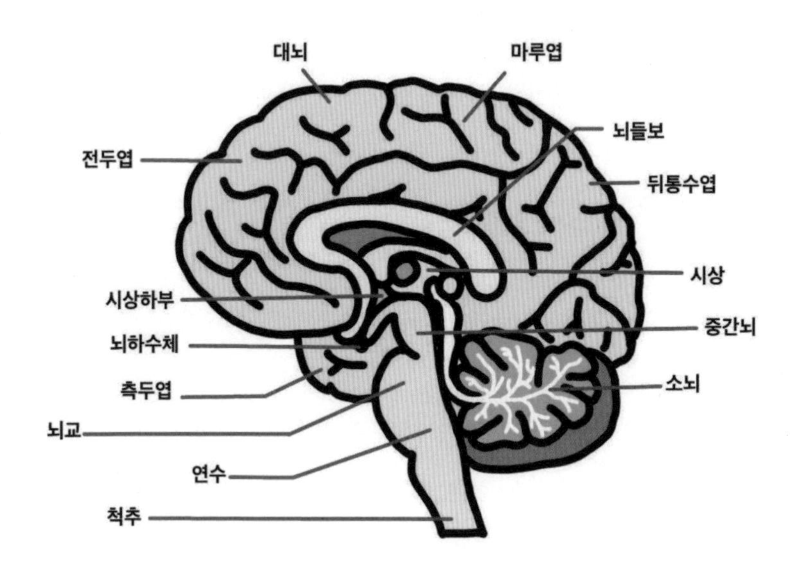

대뇌 피질

고대 뇌는 기본적인 생명 유지 기능을 유지하고 기억, 감정 및 기본적 욕구를 가질 수 있게합니다. 대뇌 반구 내의 새로운 신경 네트워크는 우리의 지각, 사고 및 말하기를 가능하게 하는 전문 작업 팀을 형성합니다. 뇌간 위의 다른 구조들처럼, 대뇌 반구는 쌍으로 이루어져 있습니다. 반구를 덮고 있는 것은 상호 연결된 신경 세포의 얇은 표면층인 대뇌 피질(cerebral cortex)입니다. 우리의 뇌 진화의 역사에서 대뇌 피질은 비교적 새로운 영역입니다. 이는 신체의 궁극적인 제어 및 정보 처리를 담당합니다.

대뇌 피질이 확장됨에 따라 엄격한 유전적 통제가 완화되고 유기체의 적응력이 좋아집니다. 작은 피질을 가진 개구리와 같은 양서류는 유전적 지시에 따라 작동합니다. 반면 큰 피질을 가진 포유류는 더 높은 학습과 사고 능력과 더불어 좋은 적응력을 갖고 있습니다. 우리가 갖고있는 인간만의 특성은 대뇌 피질의 복잡한 기능에서 비롯됩니다.

a. 피질의 구조

인간의 두개골을 열면 호두 모양의 주름진 장기, 뇌를 볼 수 있습니다. 주름없이 대뇌 피질을 평평하게 펴면 현재 뇌가 차지하는 영역의 최소 3배 가량 더 넓어야할 것 입니다. 뇌의 좌우 반구는 주로 피질을 다른 뇌 영역에 연결하는 축삭으로 가득차 있습니다. 얇은 표면층인 대뇌 피질은 약 200억에서 230억 개의 신경세포와 300조 개의 시냅스 연결을 포함합니다.

각 반구의 피질은 전두엽(frontal lobes), 마루엽(parietal lobes), 뒤통수엽(occipital lobes) 및 측두엽(temporal lobes) 네 부분으로 나뉘며, 이는 두드러진 틈새나 주름으로 구분될 수 있습니다. 각 엽은 서로 다른 주요 기능을 수행하며 많은 기능이 여러 엽의 상호작용에서 비롯됩니다.

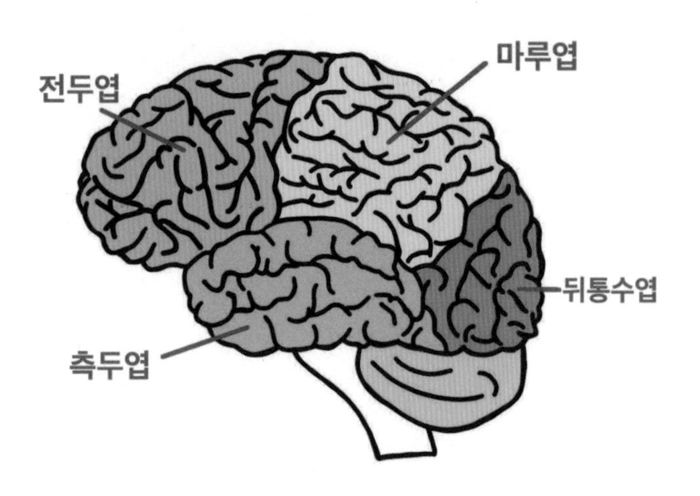

b. 피질의 기능

한 세기 전 해부학자들은 마비나 언어 장애를 겪었던 사람들의 뇌를 부검하면서 손상된 대뇌 피질 부분을 발견했습니다. 이 발견은 뇌의 특정 부위가 특성 기능을 담당한다는 생각을 뒷받침하는 증거로 여겨졌습니다. 하지만 이는 단순한 상관관계일 뿐, 직접적인 인과관계를 증명하는 것은 아닙니다.

예를 들어, 노트북의 전원 코드가 고장나서 노트북이 작동하지 않게 되었다고 해서 그 전원 코드 안에 인터넷이 '위치'해 있다고 생각하지는 않을 것입니다. 전원 코드의 손상은 노트북의 작동 중단과 관련이 있지만 그것이 인터넷 자체의 위치나 기능을 결정하지는 않기 때문입니다.

마찬가지로, 뇌의 특정 부위가 손상되었다고 해서 그 부위가 해당 기능을 담당한다고 단정할 수는 없습니다. 뇌의 특정 부위가 어떤 기능을 수행한다고 이해할 때는 신중한 접근이 필요합니다.

엽 기능

뇌의 엽 기능에 대해 살펴보면 각 엽은 서로 다른 역할을 맡고 있습니다. 먼저 전두엽은 말하기, 근육 움직임, 계획 수립, 그리고 판단과 같은 중요한 기능들을 담당합니다. 마루엽은 촉각과 신체 위치에 대한 감각정보를 받아들이는 역할을 합니다. 뒤통수엽은 시각정보를 처리하는 영역들을 포함하고 있습니다. 우리가 받는 모든 시각 정보는 뇌의 뒤쪽에 위치한 뒤통수엽의 시각 피질로 전달됩니다. 정상적인 시력을 가지고 있다면 시각 피질을 통해 다양한 강도의 빛과 색상을 볼 수 있게 됩니다. 하지만 뒤통수엽의 많은 부분이 종양 제거 수술로 손상되면, 예를 들어 시야의 왼쪽 절반을 볼 수 없게 될 수도 있습니다. 이처럼 시각 정보는 뒤통수엽에서 시작되지만 단어 인식, 감정 표현, 사물 인식 등 다른 작업을 담당하는 뇌의 여러 영역으로도 전달됩니다. 마지막으로, 측두엽은 주로 반대쪽 귀에서 들어오는 정보를 처리합니다. 우리가 듣는 모든 소리는 측두엽의 청각 피질에서 처리됩니다. 대부분의 청각 정보는 한쪽 귀에서 받아들여져 반대쪽 측두엽으로 전달됩니다. 측두엽에 위치한 청각피질이 활성화되면 우리는 소리를 인식할 수 있게 됩니다.

운동 기능

동물의 뇌 피질을 약한 전기 자극으로 자극했을 때 신체 일부가 움직이는 현상이 관찰됩니다. 특히, 전두엽 뒤쪽에 위치한 아치 모양의 영역을 자극했을 때 특정 신체 부위가 움직이는 것이 확인됩니다. 이 영역은 운동 피질(motor cortex)로 전두엽의 뒤쪽에 위치하여 자발적인 움직임을 제어하는 역할을 합니다.

또한, 뇌의 특정 반구를 자극하면 그 반구와 반대쪽에 있는 신체 부위가 움직입니다. 이는 뇌의 양쪽 반구가 각각 반대쪽 신체를 조절하기 때문입니다. 이렇게 운동 피질은 우리가 의도적으로 몸을 움직일 때 중요한 역할을 하는 뇌의 영역입니다.

감각 기능

운동 피질이 신체에 움직임 명령을 내린다면 운동 피질은 어디에서 정보를 받을까요? 신경외과 의사 와일더 펜필드는 이 질문에 대한 답을 찾기 위해 피질에서 특정영역을 확인했습니다. 이 영역은 전두엽 뒤쪽에 위치하며 촉각 및 온도와 같은 피부 감각과 신체 부위의 움직임 정보를 받아들이는 역할을 합니다. 이 영역을 체성 감각 피질(somatosensory cortex)이라고 부르며 신체의 촉각과 움직임 감각을 등록하고 처리하는데 특화되어 있습니다.

흥미롭게도 신체 부위가 더 민감할수록 해당 부위에 할당된 체성 감각 피질의 영역이 더 커집니다. 예를 들어 매우 민감한 입술에는 발가락보다 훨씬 더 큰 뇌 영역이 할당됩니다. 이는 입술이 발가락보다 더 섬세한 감각을 처리해야 하기 때문입니다.

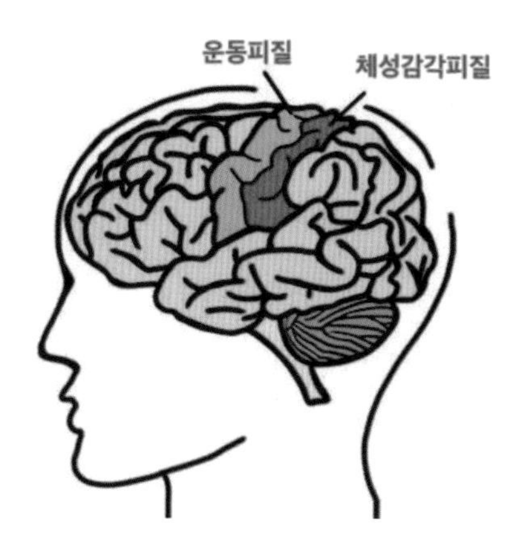

연합 영역

지금까지 우리는 감각 정보를 받아들이거나 신체움직임을 직접 제어하는 작은 피질 영역에 대해 알아보았습니다. 그러나 이러한 영역들은 고작 인간 뇌의 얇고 주름진 표면의 약 4분의 1만을 차지합니다. 그렇다면 나머지 넓은 피질 영역에서는 무엇이 일어날까요? 이 넓은 영역이 바로 연합 영역(association areas)입니다. 연합 영역은 주요 운동이나 감각 기능과는 직접 관련이 없는 대뇌 피질의 영역입니다. 대신 이 영역은 학습, 기억, 사고, 말하기와 같은 고등 정신 기능을 담당합니다.

연합 영역에서는 뉴런들이 고차원적인 정신 활동 즉 인간을 다른 동물들과 차별화시키는 기능들을 처리합니다. 이 영역은 전기로 자극해도 눈에 띄는 반응이 나타나지 않습니다. 그렇기 때문에 체성 감각 및 운동 영역과 달리 연합 영역의 기능은 명확하게 알아내기 어렵습니다.

연합 영역은 뇌의 네 개의 엽 모두에 존재합니다. 예를 들어, 전두엽의 앞부분에 있는 전두엽 피질은 판단, 계획, 새로운 기억 처리와 같은 중요한 기능을 담당합니다. 전두엽이 손상된 사람들은 높은 지능과 뛰어난 요리 기술을 가질 수 있지만, 요리를 위한 계획을 미리 세우는 것에 어려움을 겪을 것입니다. 설령 요리를 시작하더라도 레시피를 금방 잊어버릴 것입니다.

전두엽 손상은 성격 변화와 자제력을 상실시킬 수도 있습니다. 대표적인 예로 철도 노동자 피니어스 게이지의 사례가 있습니다. 1848년 25세였던 게이지는 화약을 바위에 포장하기 위해 철봉을 사용하던 중 불

꽂이 화약을 점화시키는 바람에 철봉이 그의 왼쪽 뺨을 통과해 두개골을 뚫고 나가 전두엽을 손상시켰습니다. 놀랍게도 게이지는 즉시 일어나 말을 할 수 있었고, 상처가 치유된 후에는 다시 일을 시작할 수 있었습니다. 그러나 전두엽은 감정을 통제하는 신경 경로를 포함하고 있어, 게이지는 손상 후 성격이 급격히 변했습니다. 원래 상냥하고 온화했던 그는 성질이 급하고, 거칠며, 정직하지 못한 사람이 되었습니다. 그의 정신 능력과 기억은 그대로였지만 성격이 완전히 달라진 것입니다.

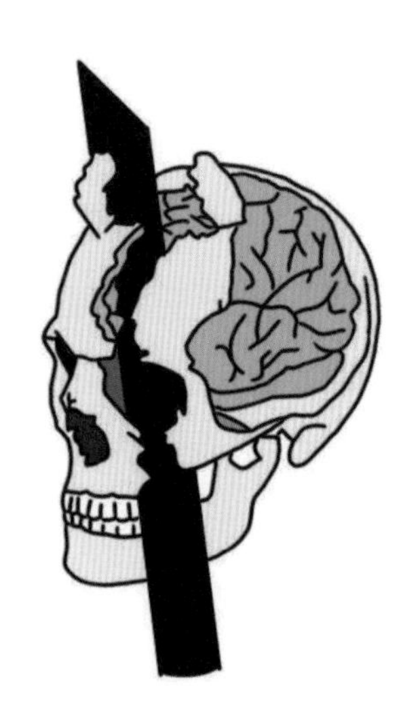

연합영역은 다른 정신기능도 수행합니다. 예를 들어, 아인슈타인의 뇌에서 큰 부분을 차지했던 마루엽은 수학적 및 공간적 추론을 가능하게 합니다. 마루엽의 특정 부분을 자극하면, 상지, 입술, 또는 혀를 실제로 움직이지 않아도 움직이는 느낌이 들 수 있습니다.

흥미롭게도 전두엽의 운동 피질 근처에 위치한 다른 연합 영역을 자극했을 때 환자들은 실제로 움직였지만 그 움직임을 인식하지 못했습니다. 이는 우리가 움직임을 '인식'하는 것이 실제 움직임을 통해서가 아니라, 그 움직임을 의도했거나 예상한 결과에 기초한다는 것을 시사합니다.

또 다른 예로, 우측 측두엽의 하단에 위치한 연합 영역은 안면 인식을 담당합니다. 이 영역이 손상된 사람은 얼굴의 특징을 설명하고 성별이나 대략적인 나이를 추측할 수는 있지만, 그 얼굴이 누구인지 인식하지 못하게 됩니다. 이는 뇌의 특정 영역이 복잡한 인식 능력과 밀접하게 연관되어 있음을 보여줍니다.

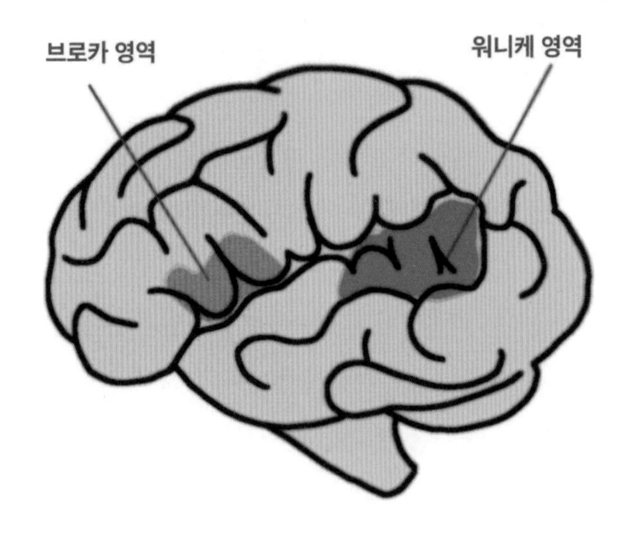

우리의 기억, 언어, 주의력 등은 뇌의 여러 영역과 신경 네트워크가 서로 동기화되어 활동함으로써 이루어집니다. 예를 들어, 기도나 명상 같은 종교적 상태에서는 40개 이상의 뇌 영역이 동시에 활성화됩니다. 결국 우리의 정신적 경험은 뇌의 다양한 영역이 협력해서 만들어내는 결과입니다.

C. 신경가소성의 힘

생물학과 경험의 상호작용

뇌는 유전적 요소뿐만 아니라 경험에 의해 형성됩니다. 뇌는 의식하지 못하는 사이에도 끊임없이 변화하며, 손상이나 새로운 경험에 따라 새로운 신경 경로를 만들어냅니다. 이러한 뇌의 유연성, 즉 변화 능력을 가소성(plasticity)이라고 합니다. 가소성은 어린 시절에 가장 두드러지긴 하지만, 평생 동안 지속되는 능력입니다.

예를 들어, 만약 우리가 1년 동안 매일 100개의 새로운 단어를 외운다면 어떻게 될까요? 놀랍게도 공간 기억을 처리하는 뇌의 기억센터 중 하나인 해마가 확장 될 것입니다. 끊임없이 새로운 기억을 쌓아가는 과정에서 해마는 지속적인 자극을 받아 확장됩니다. 이처럼 우리의 뇌는 항상 지금 이 순간에도 변화 중입니다. 반복적인 연습은 우리의 경험을 반영하는 고유한 신경 패턴을 형성할 수 있게 해줍니다. 또한, 우리가 중요하게 여기는 아이디어, 기술, 그리고 사람들에게 헌신할 때 뇌는 그에 맞게 변화합니다. 태어날 때의 뇌와 죽을 때의 뇌는 다를 수밖에 없습니다. 그만큼 경험이 뇌에 큰 영향을 미치기 때문입니다.

이 가소성은 인간의 뇌를 특별하게 만드는 요소 중 하나입니다. 다른 종에 비해 인간의 뇌는 매우 유연하며, 계속되는 작고 큰 변화를 통해, 우리는 세상에 맞춰 적응해 나갈 수 있습니다.

손상에 대한 반응

뇌가 손상되면 어떻게 될까요? 회복할 방법이 전혀 없을까요?

뇌 손상이 미치는 대부분의 영향은 두 가지 중요한 사실과 관련이 있습니다. 첫째, 피부와 달리 절단된 뇌와 척수의 뉴런은 보통 재생되지 않습니다. 둘째, 일부 뇌 기능은 특정 영역에 고정되어 있는 것처럼 보입니다. 예를 들어, 해마가 손상되면 새로운 기억을 형성하는 데 어려움을 겪게 됩니다. 그러나 뇌는 가소성을 통해 즉 손상에 반응하여 일부 신경 조직을 재조직함으로써 어느정도 회복할 수 있는 능력이 있습니다.

특히 어린이의 경우 심각한 뇌 손상 후에도 가소성을 통해 손상된 뇌 부분을 회복할 수 있습니다. 어린이들은 뇌가 끊임없이 발달하고 있기 때문에 성인보다 훨씬 더 큰 신경 가소성을 가지고 있습니다.

뇌의 가소성은 시각 장애나 청각 장애가 있는 사람들에게도 큰 작용을 합니다. 시각이나 청각 장애로 인해 사용되지 않는 뇌 영역이 다른 용도로 활용될 수 있습니다. 예를 들어, 시각 장애인이 손가락으로 읽을 때 손가락을 감지하는 뇌의 영역이 확장됩니다. 이 확장된 영역은 시각 피질의 일부를 차지하게 되며, 그 결과 시각 피질은 원래의 시각 정보를 처리하는 대신 촉각 정보를 처리하게 됩니다.

이와 비슷하게 청각 장애인은 수화를 통해 시각과 움직임 감지 능력이 향상될 수 있습니다. 수어를 사용하는 청각 장애인의 경우 청각을 담당하는 측두엽 영역이 시각 시스템의 신호를 처리하는 역할을 하게 됩니다. 이렇게 서로 다른 뇌 영역들이 상호작용하며 뇌는 변합니다.

뇌는 손상이나 질병으로 특정 기능을 담당하던 영역이 비활성화되면 다른 뇌 영역이 그 기능을 대신할 수 있는 능력을 가지고 있습니다. 예를 들어, 왼쪽 반구에 종양이 자라 언어 기능을 방해하면 보통 왼쪽 반구에서 언어를 담당하던 기능이 오른쪽 반구로 옮겨갈 수 있습니다. 이와 비슷하게 손가락에 자극이 가해지면, 그 자극을 처리하는 뇌의 체성 감각 피질이 인접한 손가락의 감각 정보를 처리하기 시작합니다. 이로 인해 인접한 손가락이 더 민감해지는 현상이 발생할 수 있습니다. 이러한 과정은 뇌가 손상된 기능을 보상하고 회복하기 위해 다른 영역을 활성화하는 방법을 보여줍니다.

이 뿐만 아니라, 뇌는 기존 조직을 재조직하여 스스로 회복하려고 시도합니다. 때때로 뇌는 신경생성(neurogenesis)을 통해 새로운 뉴런을

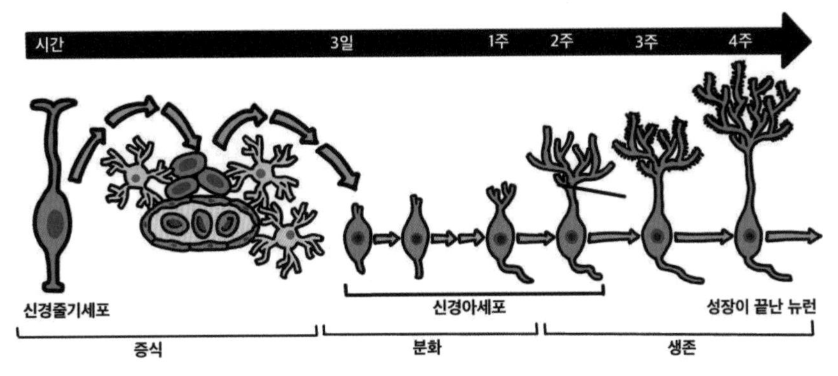

생성하기도 합니다. 연구자들은 쥐, 새, 원숭이, 인간을 포함하여 많은 동물들의 뇌에서 새로 형성된 뉴런을 발견했으며, 이러한 뉴런들은 뇌의 다른 영역으로 이동하여 기존의 뉴런들과 새로운 네트워크를 형성할 수 있습니다. 이처럼 뇌는 손상된 부위를 치유하기 위해 새로운 신경 경로를 만들고 기능을 회복하려는 끊임없는 노력을 기울이고 있습니다.

뇌 반구 조직 및 의식의 생물학

a. 나뉜 뇌

우리 뇌의 좌반구와 우반구는 겉모습은 비슷해 보이지만, 서로 다른 기능을 수행합니다. 이러한 편재화(lateralization)는 뇌 손상 이후에 더욱 분명하게 드러납니다. 지난 한 세기에 걸친 연구에 따르면 좌반구의 사고, 뇌졸중, 종양 등이 발생하면 읽기, 쓰기, 말하기, 산수 계산, 이해 등을 포함한 기능에 심각한 장애가 나타날 수 있습니다. 반면, 우반구에 유사한 손상이 생기면 이와 같은 눈에 띄는 영향을 덜 받는 것으로 나타났습니다.

이런 이유로 한때 우반구는 단순히 좌반구를 보조하는 역할을 하는 것으로 여겨졌습니다. 그러나 1960년대에 들어 심리학의 역사가 새롭게 전개되면서 연구자들은 우반구가 생각보다 훨씬 중요한 역할을 하고 있다는 사실을 발견했습니다. 우반구가 좌반구에 비해 덜 중요하다는 기존의 믿음은 잘못된 것으로 드러났고, 이로 인해 뇌의 편재화, 즉 기능적 분화에 대한 이해가 크게 확장되었습니다.

뇌 나누기

우리의 뇌는 두 반구가 서로 정보를 주고받으며 하나의 통합된 시스템으로 작동합니다. 이 두 반구를 연결하는 것은 뇌들보(corpus callosum)라고 불리는 축삭 섬유의 넓은 다리입니다.

뇌들보의 역할을 더 깊이 이해하기 위해 신경과학자 가자니가(Gazzaniga)와 스페리(Sperry)는 분할 뇌(split brain) 실험을 수행했습니다. 외과 의사들이 뇌들보를 절단하여 두 반구를 말 그대로 나눴을 때 이런 상태의 환자들은 놀랍게도 거의 정상적인 모습을 보였습니다. 이들의 성격이나 지능에는 거의 변화가 없었습니다.

우리 두눈은 각각 전체 시야에서 감각 정보를 받아들입니다. 그러나 시야의 왼쪽 절반에서 들어온 정보는 우반구로, 시야의 오른쪽 절반에서 들어온 정보는 주로 언어를 담당하는 좌반구로 전달됩니다. 보통은 한 반구가 받은 정보가 뇌들보를 통해 다른 반구로 신속하게 전달되지만 뇌들보가 절단된 사람의 경우 이 정보 공유가 일어나지 않게 됩니다.

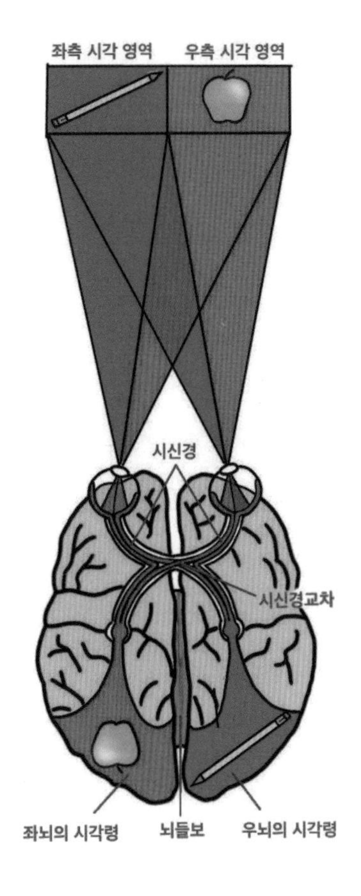

이 실험을 통해 스페리와 가자니가는 환자의 좌반구나 우반구에 개별적으로 정보를 전달할 수 있었습니다. 실험에서는 환자가 한 지점을 응시하는 동안 과학자들은 자극을 왼쪽 또는 오른쪽에 순간적으로 주었습니다. 정상적인 뇌에서는 정보를 받은 반구가 즉시 다른 반구에 이 정보를 전달하지만 분할 뇌 수술을 받은 환자들은 반구 간의 통신이 끊겨 연구자들은 각 반구에 따로 질문할 수 있었습니다.

초기 실험에서 가자니가는 분할 뇌 환자들에게 "HE·ART"라는 단어를 화면에 보여주었습니다. "HE"는 왼쪽 시야에 나타나 우반구로 전달되고, "ART"는 오른쪽 시야에 나타나 좌반구로 전달되었습니다. 환자들에게 무엇을 보았는지 물었을 때 말을 담당하는 좌반구를 통해 환자들은 "ART"를 보았다고 대답했습니다. 그러나 보았던 단어를 고르라고 요청했을때, 환자들은 우반구가 통제하는 왼손으로 "HE"를 가리켰습니다.

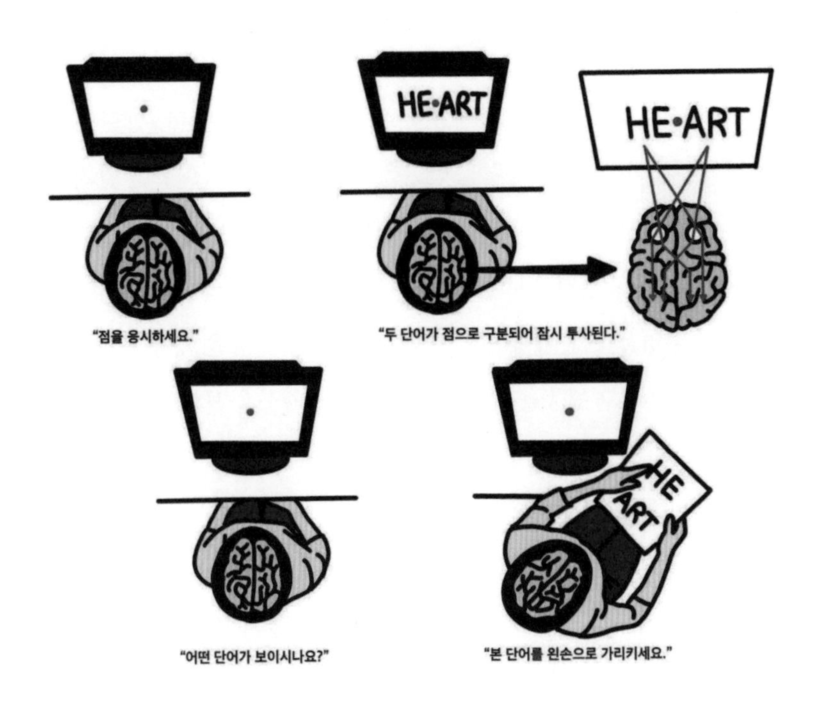

다른 실험으로는 우반구에 숟가락 그림을 보여주었을때 환자는 그것을 말로 설명할 수 없습니다. 하지만 왼손으로 숨겨진 물체를 만져서 본 것을 찾으라고 했을 때 환자는 정확히 숟가락을 선택할 수 있었습니다. 이때 좌반구는 자신이 무엇을 보았는지 알지 못하기 때문에 어떻게 숟가락을 선택했는지 이해하지 못하고 혼란스러워합니다.

또한 분할 뇌수술을 받은 일부 환자들은 좌우 손이 서로 독립적으로 행동하는 경험을 합니다. 예를 들어, 오른손이 셔츠의 단추를 잠그는 동안 왼손이 그것을 푸는 행동을 보일 수 있습니다. 이는 두 뇌반구가 각각 독립된 "두 개의 마음"처럼 작동한다는 것을 의미합니다. 따라서 환자들은 동시에 서로 다른 도형을 양손으로 그릴 수 있습니다.

마지막으로 좌반구는 언어와 합리적 사고를 담당합니다. 예를 들어 우반구가 "걸어라."라는 명령을 받았을 때, 좌반구는 그 이유를 알지 못합니다. 하지만 환자에게 왜 걷기 시작했는지 물어보면 좌반구는 그 이유를 모른다고 말하기보다는 즉석에서 "집에 가서 콜라를 마시려 한다."라고 설명을 만들어냅니다. 이는 뇌가 종종 행동을 자동으로 반응한 후 좌반구가 그 행동을 합리화하려고 하는 경향을 보여줍니다.

통합된 뇌에서의 좌우 차이

뇌의 좌우 반구는 각각 다른 종류의 작업에 더 특화되어 있습니다. 그림을 해석하거나 공간적인 문제를 해결하는 것과 같은 인지 과제를 수행할 때 우반구가 더 활발하게 작동하는 반면 언어를 사용하거나 수학 계산을 할 때는 좌반구가 주로 사용됩니다.

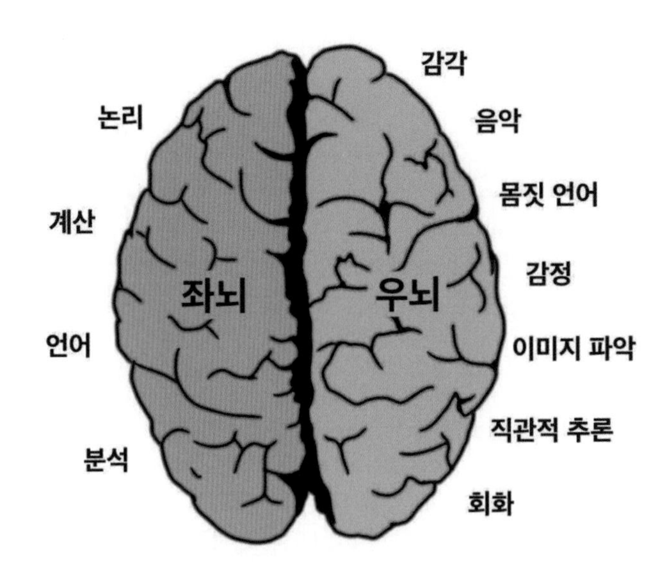

이러한 편재화는 일부 뇌 수술 전에 극적으로 나타납니다. 수술 전 의사들은 환자의 언어 중심이 뇌의 어느 부분에 위치하는지 파악하기 위해 특정 절차를 진행합니다. 이 과정에서 진정제를 언어를 담당하는 왼쪽 반구에 혈액을 공급하는 목동맥에 주사합니다. 주사 전 환자는 팔을 들어올린 채로 의사와 대화를 나누고 있습니다.

그러나 왼쪽 반구에 진정제가 주사되면 오른팔이 힘없이 떨어지고 환자는 말을 할 수 없게 됩니다. 반대로 진정제가 오른쪽 반구에 주사되면 왼팔은 힘을 잃지만 환자는 여전히 말을 할 수 있습니다.

이 실험은 좌우 반구가 각각 다른 역할을 수행한다는 사실을 명확하게 보여줍니다. 일반적으로 왼쪽 반구는 언어와 말하기를 제어하는 반면, 오른쪽 반구는 다른 기능을 담당합니다.

의식의 생물학

오늘날 과학은 의식(consciousness), 즉 자신과 환경에 대한 주관적인 인식을 탐구합니다. 진화심리학자들은 의식이 생식에 이점을 제공한다고 가정합니다. 의식은 새로운 상황에 대처하고, 단기적 쾌락을 피하며, 장기적 이익을 추구하는 데 도움을 줍니다. 의식은 또한 다른 사람들에게 어떻게 보일지 예측하고 그들의 마음을 읽는데 도움을 줌으로써 생존에 기여합니다.

그러나 이러한 설명은 여전히 어려운 문제를 남깁니다. 예를 들어 뇌세포들이 서로 소통하면서 "두려움"을 느끼는 의식은 어떻게 생겨날까요? 의식이 물질적으로 뇌에서 어떻게 발생하는지는 인생의 가장 깊은 수수께끼 중 하나입니다.

인지 신경과학

인지 신경과학(cognitive neuroscience)은 지각, 사고, 기억 및 언어를 포함한 정신과정과 관련된 뇌활동을 연구하는 분야입니다. 이 분야는 특정 뇌 상태와 우리의 의식경험을 연결하는 중요한 역할을 합니다.

예를 들어, 의식이 없는 환자의 뇌 스캔에서 놀라운 결과가 나타난적이 있습니다. 연구자들이 환자에게 농구를 상상하라고 요청했을 때, fMRI 스캔은 팔과 다리의 움직임을 제어하는 뇌 영역에서 활동이 나타났습니다. 이 사례는 몸이 움직이지 않더라도 뇌는 여전히 활동할 수 있음을 보여줍니다.

많은 인지 신경과학자들은 피질의 의식적 기능을 연구하고 있습니다. 피질의 활성화 패턴을 분석함으로써 과학자들은 제한적이지만 우리의 생각의 단서를 얻습니다. 예를 들어, 다섯 개의 유사한 물체가 있을때 그 중 우리가 어느 것을 보고 있는지 알아낼 수 있습니다.

의식적 경험은 뇌 전체의 동기화된 활동에서 비롯됩니다. 충분한 자극이 주어지면 뇌의 동기화된 신경 활동이 활성화되어 우리가 의식을 가지게 됩니다. 반면에 약한 자극은 시각 피질의 국소적인 활동만을 유발하며 이는 곧 사라집니다. 강한 자극은 언어, 주의, 기억과 같은 다른 뇌 영역들을 활성화시켜 의식과 인식에 중요한 역할을 합니다. 예를 들어, 우리 몸에 대한 인식은 여러 뇌 영역 간의 소통을 통해 이루어집니다.

하지만 이러한 동기화된 활동이 어떻게 인식을 생성하는지, 즉 물질이 어떻게 마음을 만드는지에 대한 해답은 여전히 풀리지 않고 있습니다.

이중 처리: 두 개의 트랙

어떤 특정한 의식 경험과 관련된 뇌 영역이 활성화되는 것을 발견하는 것은 많은 사람들에게 흥미롭지만 놀랄 만한 일은 아닐 수 있습니다. 심리적인 모든 것이 동시에 생물학적이라는 사실을 받아들인다면 우리의 생각, 감정, 그리고 영성까지도 모두 어떤 방식으로든 뇌에 담겨 있다는 것을 의미합니다. 그러나 정말 놀라운 것은 우리에게 두 개의 마음이 있다는 점입니다. 각 마음은 각기 다른 신경 장비에 의해 지원되고 있다는 증거가 점점 더 많아지고 있습니다.

우리의 뇌는 의식적으로 인식하는 것 외에도 무의식적으로 많은 정보를 동시에 처리하고 있습니다. 예를 들어, 하늘을 나는 새를 볼 때 우리는 그 새를 벌새라고 인지하지만 그 새의 색깔, 형태, 움직임, 거리와 같은 세부적인 정보들은 무의식적으로 처리됩니다. 이러한 과정은 우리가 직접적으로 자각하지 못하기 때문에 의식의 표면 아래에서 일어납니다.

최근 인지 신경과학의 중요한 발견은 우리의 인지 과정이 두 가지 수준에서 이루어진다는 것입니다. 하나는 신중하고 반성적인 의식적 경로(고차원 경로)이고, 다른 하나는 자동적이고 직관적인 무의식적 경로(저차원 경로)입니다. 이 두 경로는 동시에 작동하여 정보를 처리하며 이 과정을 "이중 처리(dual processing)"라고 부릅니다.

결국, 우리는 표면적으로 인식하는 것보다 더 많은 것을 실제로 알고 있으며 우리의 뇌는 우리가 자각하지 못하는 수많은 정보를 끊임없이 처리하고 있습니다. 이는 우리가 생각하는 것보다 더 복잡하고 깊이 있는 인지 과정을 거치고 있다는 것을 의미합니다.

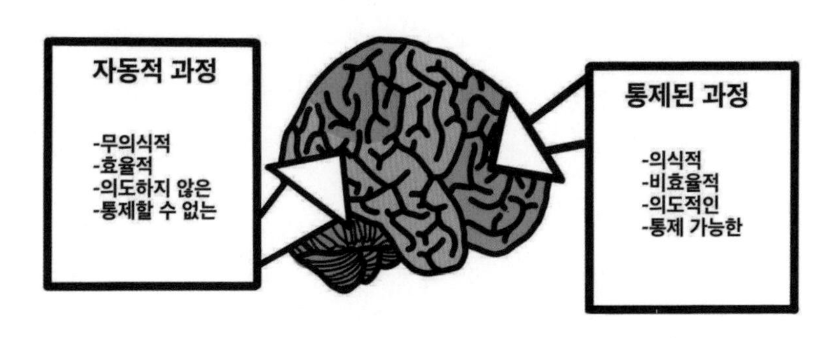

숙련된 운전자라면 오른쪽으로 핸들을 돌린 후에 자동으로 다시 왼쪽으로 약간 돌리고 마지막으로 중앙으로 핸들을 맞추게 됩니다. 이 모든 과정은 무의식적으로 이루어지며, 운전자는 이 과정을 정확히 설명하기 어렵습니다. 우리의 뇌는 이렇게 의식적으로 배운 지식을 무의식적인 행동으로 전환하는 능력을 가지고 있습니다.

비슷한 사례로, 한 지역 여성이 뇌 손상으로 인해 시각적으로 물체를 인식하지 못하게 되었습니다. 그녀는 의식적으로는 아무것도 볼 수 없었지만, "맹시"라는 상태 덕분에 시각적 자극에 반응할 수 있었습니다. 예를 들어, 그녀에게 우편물을 수직 또는 수평으로 우편함에 넣으라고 했을 때 그녀는 정확히 그 동작을 해냈습니다. 그러나 물체의 너비를 묻는 질문에는 답할 수 없었습니다. 또, 만약 한 사람이 오른쪽 눈과 왼쪽 눈이 서로 다른 장면을 보고 있다면 그 사람은 의식적으로는 한 장면만 인식하겠지만, 무의식적으로는 다른 장면에 대한 일부 인식도 존재할 것입니다.

이처럼 우리의 뇌는 의식과 무의식의 두 가지 차원에서 동시에 정보를 처리합니다. 우리가 명확히 인식하지 못하는 정보 조차도 우리의 행동에 깊이 영향을 미친다는 점에서 뇌는 단순한 생각 이상의 복잡한 작업을 수행하고 있습니다.

눈은 동시다발적으로 서로 나른 작업을 하는 다양한 뇌 영역에 정보를 보냅니다. 예를 들어, 어떤 여성은 뇌 활동 스캔은 물체를 잡거나 탐색하는 영역에서 정상 활동을 보여주었지만, 물체를 인식하는 영역에서는 손상을 나타냈습니다.

우리는 흔히 시각이 하나의 단일 시스템으로 작동한다고 생각합니다. 즉, 눈으로 본 것을 바탕으로 우리의 행동을 조절하는 단순한 과정으로 여깁니다. 그러나 실제로 우리의 시각 시스템은 두 가지 서로 다른 처리 경로로 나뉘어 있습니다.

첫 번째는 시각적 인식 경로입니다. 이 경로는 우리가 세상을 이해하고 인식하는 데 사용됩니다. 이를 통해 우리는 주변의 사물과 사람을 알아보고, 그 정보를 바탕으로 미래의 행동을 계획할 수 있습니다. 예를 들어, 우리가 한 사람의 얼굴을 보고 그가 누구인지, 어떤 감정을 느끼고 있는지를 인식하는 것은 바로 이 경로 덕분입니다.

두 번째는 시각적 행동 경로입니다. 이 경로는 우리의 즉각적인 움직임을 조절합니다. 무언가가 갑자기 눈앞에 나타날 때, 우리는 그 상황에 빠르게 반응해야 합니다. 이 반응은 매우 자동적이고 즉각적이며, 우리가 의식적으로 생각하기 전에 이미 이루어집니다. 예를 들어, 뜨

거운 물체를 본 순간 손을 빠르게 피하는 행동이 이 경로에 의해 이루어집니다.

이 두 가지 경로의 역할을 보여주는 사례가 있습니다. 한 환자는 뇌의 왼쪽 시각 피질이 손상되어 오른쪽 시야에서 나타나는 물체와 얼굴을 전혀 볼 수 없게 되었습니다. 그러나 놀랍게도, 그는 자신이 의식적으로 보지 못한 얼굴에서도 감정을 느낄 수 있었습니다. 비슷한 현상은 정상적인 시력을 가진 사람들에게서도 나타납니다. 시각 피질이 일시적으로 비활성화되었을 때, 그들은 여전히 얼굴의 감정을 인식할 수 있습니다. 이는 우리의 뇌가 피질 아래에 있는 영역에서 감정과 관련된 정보를 처리하고 있다는 것을 시사합니다.

이러한 연구 결과는 우리의 일상적인 사고, 감정, 행동의 대부분이 의식적인 인식 없이도 이루어진다는 사실을 강조합니다. 사실, 우리가 하는 일의 80~90%는 무의식적으로 일어납니다. 우리는 보통 우리의 의도와 의식적인 선택이 우리의 삶을 지배한다고 믿기 쉽지만, 실제로는 그렇지 않습니다. 우리의 의식은 정보 처리의 빙산의 일각에 불과합니다. 이렇듯 대부분의 정보 처리 과정은 우리가 인식하지 못하는 무의식적인 차원에서 이루어지고 있습니다.

이 사실을 이해하면, 우리는 우리의 행동과 결정이 얼마나 무의식적인 과정에 의해 영향을 받는지 깨닫게 됩니다. 우리의 의식적인 마음은 삶의 일부만을 조절하며, 나머지는 깊은 무의식의 흐름 속에서 이루어지는 것입니다. 이로 인해 우리는 종종 자신의 행동에 대해 놀라거나 이해하기 어려운 순간을 경험하게 됩니다. 그러나 이것이야말로 인간의 복잡하고 다층적인 본질을 보여주는 중요한 단서입니다.

우리는 보통 우리가 의식적으로 결정을 내리고 그 결정을 바탕으로 행동한다고 믿습니다. 그러나 실제로는 우리의 뇌가 미리 결정을 내리고 나서야 우리가 그것을 인식하는 경우가 많습니다. 이 사실을 보여주는 흥미로운 실험 결과가 있습니다. 우리가 손목을 움직이기로 결심할 때, 우리는 이 결정을 실제 움직임이 일어나기 약 0.2초 전에 의식적으로 인식합니다. 그러나 놀랍게도, 뇌파는 당신이 그 결정을 인식하기 0.35초 전에 이미 반응을 시작합니다. 다시 말해, 뇌는 우리가 의식적으로 결정을 내렸다고 느끼기 전에 이미 움직임을 준비하고 있는 것입니다. 이는 우리의 의식이 실제 결정 과정에 다소 늦게 도착한다는 것을 의미합니다.

이 발견은 뇌의 의사 결정 과정에 대한 새로운 연구와 논쟁을 불러일으켰습니다. 뇌 스캔(fMRI), EEG(뇌파 기록), 또는 뇌에 전극을 삽입한 실험에서 사람들의 결정을 내리기 전에 이미 뇌 활동이 시작된다는 증거가 나타났습니다. 예를 들어, 사람들이 버튼을 누르거나 카드를 고르기 전에 뇌는 이미 결정을 내리고 그에 따른 준비를 하고 있다는 것입니다. 아침에 침대에서 일어나야 한다는 것을 알고 있지만, 침대가 너무 편안해서 계속 누워 있게 될 때가 있습니다. 그런데 갑자기 자신이 이불을 걷어차고 일어나 앉아 있는 것을 깨닫게 됩니다. 이 경우, 당신은 의식적으로 결정을 내리기 전에 이미 뇌가 행동을 준비하고 있음을 경험하는 것입니다.

그러나 다른 연구들은 뇌 활동이 계속 흐르며 실험 전 의사 결정 단계에서도 발생한다는 것을 나타냅니다. 움직이기로 한 실제 결정은 뇌 활동이 임계값을 넘을 때 발생하며 이는 평균 "움직이려는 의도 인식 시간"과 일치합니다. 이 관점은 마음의 결정과 뇌의 활동이 동시에 평행하게 이루어진다는 것을 알려줍니다.

무의식적 병렬 처리는 의식적 순차 처리 보다 빠르지만, 둘 다 필수적입니다. 병렬 처리(parallel processing)는 문제의 여러 측면을 동시에 처리하여 일상적인 작업을 처리합니다. 순차 처리(sequential processing)는 한 번에 문제의 한 측면을 처리하여 집중적인 주의가 필요한 새로운 문제를 해결하는 데 가장 좋습니다. 예를 들어, 오른손잡이라면 오른발을 시계 반대 방향으로 돌리며 동시에 오른손으로 숫자 3을 반복해서 써보세요. 반대로 왼손으로 세 번 일정한 박자를 치고 동시에 오른손으로 네 번 박자를 치세요. 두 작업 모두 의식적 주의가 필요하며 이는 한 번에 한 곳에만 있을 수 있습니다. 모든 일이 동시에 발생하지 않는 것이 시간의 제약, 자연의 방법이라면, 의식은 우리가 모든 것을 동시에 생각하고 행동하지 않도록 하는 자연의 방법입니다.

자동 시스템으로 작동하는 것은 우리의 의식이 전체 시스템을 모니터링하고 새로운 도전에 대처할 수 있도록 합니다. 예를 들어 다음 수업으로 가는 익숙한 길을 걸을 때 당신의 발은 작업을 수행하고 당신의 마음은 당신이 발표할 프레젠테이션을 연습합니다. 숙련된 테니스 선수의 뇌와 몸은 공의 궤적을 인식하기 전에 자동으로 다가오는 서브에 반응합니다. 다른 숙련된 운동선수들도 마찬가지입니다. 행동이 인식 전에 이루어집니다. 결론적으로, 일상 생활에서 우리는 대부분 자동 카메라처럼 작동하지만 의식적인 결정 기능 또한 가지고 있습니다.

행동 유전학: 개인 차이 예측

우리는 모두 하나의 나무에 달린 잎사귀와 같습니다. 이 말은 우리가 서로 다른 환경과 문화를 가지고 있지만, 본질적으로 같은 뿌리에서 비롯된 존재라는 뜻입니다. 우리의 인간 가족은 단순히 생물학적 유산을 공유하는 것에 그치지 않습니다. 우리 모두가 다치면 피가 나는 것처럼, 인간은 근본적으로 동일한 신체적 구조를 가지고 있습니다. 그러나 우리가 공유하는 것은 생물학적 특성만이 아닙니다.

우리의 뇌는 세계를 인식하고, 언어를 발달시키며, 배고픔을 느끼는 방식에서도 공통된 메커니즘을 따릅니다. 우리가 북극에 살던 열대 지방에 살던, 대부분의 사람들은 단맛을 신맛보다 더 좋아합니다. 또한, 우리는 색상을 비슷한 방식으로 구분하고, 자손을 낳고 보호하는 본능적인 행동에 자연스럽게 끌리게 됩니다. 이러한 행동적 경향은 지구상의 모든 인간이 공유하는 본질적인 특성입니다.

이처럼 우리는 각기 다른 곳에서 살고 있지만, 기본적인 인간의 본성은 우리 모두를 하나로 연결하고 있습니다. 우리의 생물학적, 행동적 공통점은 우리가 '인간 가족'이라는 커다란 공동체 안에서 서로 연결된 존재임을 보여줍니다. 우리는 이 지구라는 커다란 나무의 잎사귀로서, 서로의 존재를 인정하고 이해하며 함께 살아가야 합니다. 이는 우리가 공유하는 공통된 인간성에 대한 중요한 인식입니다.

인간의 유사성은 우리의 사회적 행동에서도 분명히 드러납니다. 인간은 모두 비슷한 방식으로 세상을 경험합니다. 예를 들어, 우리는 생후 약 8개월이 되면 낯선 사람을 두려워하기 시작합니다. 그리고 성인이 되면, 자신과 비슷한 태도나 특성을 가진 사람들과 어울리기를 선호합니다. 우리는 어디에 살든 상관없이 서로의 미소와 찡그림을 이해하고, 같은 감정을 느낄 수 있습니다. 인간은 같은 종의 구성원으로서 본능적으로 다른 사람들과 관계를 맺고, 사회적 규범에 따르며, 받은 호의를 갚고, 잘못된 행동을 처벌합니다. 우리는 자연스럽게 지위의 서열을 만들고, 자녀의 죽음에 깊은 슬픔을 느끼기도 합니다. 이처럼 보편적인 행동들은 지구 어느 곳에서나 발견할 수 있습니다. 이러한 보편적인 행동들은 우리가 인간으로서 공유하는 본성을 잘 보여줍니다.

하지만 인간이 이토록 유사한 본성을 공유하면서도, 동시에 왜 이렇게 다양한 모습을 보이는 것일까요? 우리의 차이는 얼마나 유전자의 영향으로 형성되며, 또 얼마나 환경의 영향으로 형성되는 것일까요? 우리의 다양성은 태아일 때 어머니의 영양 상태에서부터 시작해, 노년기에 이르기까지 사회적 지지와 같은 모든 외부 영향에 의해 어떻게 만들어지는 것일까요? 우리의 성장 과정, 문화, 현재 상황, 그리고 사람들의 반응, 우리의 선택과 노력 등이 우리의 본성을 어떻게 형성하는지에 대한 의문도 있습니다.

이와 같은 질문들은 우리의 유전자(자연)와 환경(양육)이 어떻게 함께 작용해 우리를 형성하는지에 대한 과학적 탐구로 이어집니다. 이 과정에서 우리는 인간의 다양성과 공통된 본성이 어떻게 조화를 이루며 우리의 삶을 형성하는지를 더 깊이 이해할 수 있게 될 것입니다.

a. 유전자: 생명의 코드

유명가수의 딸이 인기 있는 녹음 아티스트로 자라난다면, 그녀의 음악적 재능은 "슈퍼스타 유전자"에 기인할까요? 아니면 높은 기대와 음악이 풍부한 환경에서 자란 탓에 기인할까요? 이러한 질문은 우리의 차이를 연구하고 유전, 즉 부모로부터 자손에게 전해지는 특성을 유전하는 것과 환경, 즉 주변의 모든 비유전적 영향의 효과와 상호작용을 평가하는 행동 유전학자를 흥미롭게 합니다.

우리의 몸과 뇌의 이야기, 즉 지구에서 가장 경이로운 것의 이야기는 유전이 우리의 경험과 상호작용하여 우리의 보편적인 본성과 개인적, 사회적 다양성을 창조한다는 것입니다. 한 세기 전에, 누구도 당신의 신체의 모든 세포 핵에 당신의 전체 몸에 대한 유전적 주 코드가 포함되어 있다는 것을 예상하지 못했을 것입니다. 이는 세계에서 가장 높은 건물인 두바이의 부르즈 할리파의 모든 방에 전체 구조에 대한 건축

가의 계획을 설명하는 책이 있는 것과 같습니다. 당신의 생명 책의 계획은 46장으로 구성됩니다. 이는 어머니의 난자가 기증한 23장과 아버지의 정자가 기증한 23장입니다. 이러한 46장의 각 장은 염색체, 즉 유전 정보를 포함하는 DNA 분자로 구성된 실 모양의 구조입니다. DNA(디옥시리보핵산)는 염색체를 구성하는 복잡한 분자로, 유전 정보를 포함합니다. 유전자, 즉 거대한 DNA 분자의 작은 조각은 이러한 장의 단어를 형성합니다. 총 2만여 개의 유전자가 있으며, 이는 활성화되거나 비활성화될 수 있습니다. 환경적 사건이 유전자를 "켜"는 것은 뜨거운 물이 차 티백의 향을 표현할 수 있게 하는 것과 같습니다. 유전

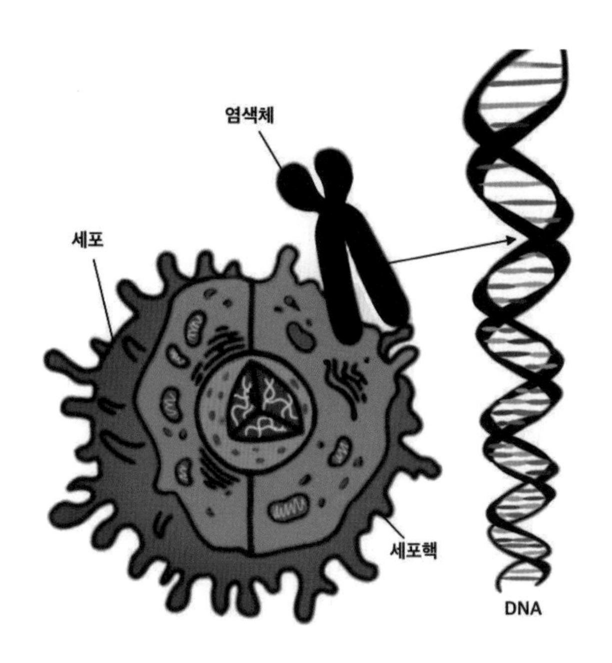

자가 켜지면, 유전자는 단백질 분자, 즉 신체의 구성 요소를 생성하는 코드를 제공합니다.

게놈(genome)은 유기체를 만드는 완전한 지침으로, 해당 유기체의 염색체에 있는 모든 유전 물질로 구성됩니다. 인간 게놈 연구자들은 인간 DNA 내에서 공통된 서열을 발견했습니다. 이 공유된 유전적 프로파일이 우리가 튤립, 바나나, 또는 침팬지가 아닌 인간인 이유입니다.

그러나 우리는 침팬지 사촌과 크게 다르지 않습니다. 유전적 수준에서, 인간과 침팬지는 96% 일치합니다. "기능적으로 중요한" DNA 부위에서는 이 숫자가 99.4%에 이릅니다! 그럼에도 불구하고 그 0.6%의 차이는 중요합니다. 인간, 셰익스피어가 침팬지가 할 수 없는 일을 할 수 있었던 이유는 17,677 단어를 정교하게 엮어 문학 걸작을 만든 것이었습니다.

작은 차이도 다른 종들 사이에서는 중요합니다. 일반 침팬지와 보노보는 많은 면에서 서로 닮았습니다. 그럴 수밖에 없는 게 이들의 게놈은 1%도 채 되지 않는 차이를 보입니다. 그러나 이들은 현저하게 다른 행동을 보입니다. 침팬지는 공격적이고 남성 지배적입니다. 보노보는 평화롭고 여성 주도적입니다.

인간 DNA의 특정 유전자 부위에서 가끔 발생하는 변이는 유전학자와 심리학자의 흥미를 불러일으킵니다. 공통된 패턴에서 개인마다 조금씩 다른 변이는 우리의 고유성을 설명하는 실마리를 제공합니다. 예를 들어, 왜 한 사람은 병이 있고 다른 사람은 없는지, 왜 한 사람은 키가 크고 다른 사람은 작은지, 왜 한 사람은 불안하고 다른 사람은 침착한지 등입니다.

물리적인 특징부터 성격적인 특성까지, 우리가 가진 대부분의 특성들은 매우 복잡한 유전적 뿌리를 가지고 있습니다. 예를 들어, 키는 단순히 유전자의 하나로 결정되는 것이 아닙니다. 얼굴의 크기, 척추뼈의 길이, 다리뼈의 길이 등 여러 신체 부위가 키를 결정하는데, 이 각각의 부위들은 서로 다른 유전자들에 의해 영향을 받습니다. 그리고 이 유전자들은 우리가 살아가는 환경과 상호작용하면서 그 영향이 나타나죠.

지능, 행복, 공격성 같은 성격적 특성들도 마찬가지입니다. 이들 특성들은 단 하나의 유전자에 의해 결정되는 것이 아닙니다. 많은 유전자들이 작은 영향을 미치며 이들 특성을 형성하는데, 각 유전자들이 환경과 어떻게 상호작용하느냐에 따라 그 결과가 달라질 수 있습니다. 이러한 이유로, "지능 유전자"나 "정신분열증 유전자" 같은 단일 유전자는 존재하지 않는다는 것이 오늘날 행동 유전학에서 얻은 중요한 교훈 중 하나입니다.

따라서 우리의 다양한 특성들은 수많은 유전자들의 조합으로 설명됩니다. 이 유전자들은 인간으로서 우리가 공유하는 본성과 개개인의 차이를 동시에 설명해주죠. 하지만 여기서 중요한 점은 유전 정보만으로는 우리에 대해 모든 것을 알 수 없다는 것입니다. 유전자들이 어떤 기본적인 틀을 제공하긴 하지만, 그 틀이 어떤 방식으로 완성되는지는 우리가 살아가는 환경에 달려 있습니다. 환경과 유전적 소질이 상호작용하면서 우리의 특성들이 형성되는 것입니다.

b. 쌍둥이 및 입양 연구

일란성(monozygotic) 쌍둥이, 즉 같은 수정란에서 태어난 쌍둥이는 마치 인간 복제본처럼 유전적으로 동일합니다. 이들은 하나의 수정란이 나중에 두 개의 배아로 나누어지면서 형성되기 때문에, 유전자뿐만 아니라 수정된 시점, 자궁의 환경, 대개는 출생일과 문화적 배경까지도 거의 똑같습니다. 그러나 이러한 유전적 동일성에도 불구하고, 두 가지 중요한 차이점이 존재합니다.

첫째, 유전자 복제의 차이입니다. 비록 일란성 쌍둥이들이 유전적으로 거의 동일하다고 하더라도, 각 쌍둥이가 가진 유전자 복제의 수에는 약간의 차이가 있을 수 있습니다. 이는 특정 질병이나 장애, 예를 들어 정신분열증과 같은, 일부 쌍둥이가 다른 쌍둥이에 비해 더 높은 위험을 가지는 이유를 설명해줄 수 있습니다. 즉, 유전자 자체는 동일하더라도, 유전자 복제의 차이가 결과적으로 건강상의 차이를 가져올 수 있는 것입니다.

둘째, 태반의 차이입니다. 대부분의 일란성 쌍둥이는 임신 기간 동안 같은 태반을 공유합니다. 그러나 약 삼분의 일의 쌍둥이는 각각 별도의 태반을 가지게 됩니다. 이 경우, 각각의 태반이 쌍둥이들에게 제공하는 영양이 조금씩 다를 수 있습니다. 이로 인해 한 쌍둥이가 다른 쌍둥이보다 더 나은 영양을 받을 수 있으며, 이로 인해 일란성 쌍둥이 간에도 몇 가지 차이가 나타날 수 있습니다.

이러한 점들은 일란성 쌍둥이들이 유전적으로 거의 동일하더라도, 환경적인 요인과 유전자 복제의 차이에 의해 다소 다른 특성을 가지게 될 수 있다는 것을 설명해줍니다. 우리의 유전자와 환경은 어떻게 상호작용하여 우리 각자의 개별적인 특성을 형성하는지 이해하는 데 도움을 줄 수 있습니다.

이란성(dizygotic) 쌍둥이는 두 개의 별도 수정란에서 발생합니다. 이들은 같은 자궁 환경을 공유하지만, 유전적으로는 보통 형제자매와 비슷하지 않습니다. 공유된 유전자는 또한 공유된 경험을 의미할 수 있습니다. 예를 들어, 일란성 쌍둥이 중 한 명이 자폐스펙트럼 장애를 가진 경우, 다른 쌍둥이도 비슷한 진단을 받을 위험이 약 4분의 3 정도입니다. 영향을 받은 쌍둥이가 이란성일 경우, 공동 쌍둥이는 약 3분의 1의 위험을 가집니다.

유전적으로 동일한 쌍둥이는 행동적으로도 이란성 쌍둥이보다 더 유사할까요? 수천 쌍의 쌍둥이를 대상으로 한 연구에서는 일란성 쌍둥이가 이란성 쌍둥이보다 외향성(사교성) 및 신경증(감정적 불안정성) 면에서 훨씬 더 유사하다는 결과가 나왔습니다. 유전자도 많은 특정 행동에 영향을 미칩니다. 예를 들어, 이란성 쌍둥이에 비해 음주 및 음주 운전 유죄 판결 비율은 유죄 판결을 받은 일란성 쌍둥이가 있는 경우 12배 더 높습니다. 일란성 쌍둥이가 나이가 들어도 그들의 행동은 유사하게 유지됩니다.

일란성 쌍둥이는 이란성 쌍둥이보다 외모가 더 유사합니다. 그렇다면 사람들의 외모에 대한 반응이 그들의 유사성을 설명할 수 있을까요? 아닙니다. 일란성 쌍둥이와 무관한 닮은 쌍을 비교한 연구에서는 일란성 쌍둥이만이 유사한 성격을 보고했습니다. 다른 연구에서는 부모가 일란성 쌍둥이를 동일하게 대우했을 때, 예를 들어 동일한 옷을 입혔을 때, 심리적으로 더 유사하지 않다는 결과가 나왔습니다. 개별 차이를 설명하는 데 유전자가 중요합니다.

생물학적 친척 대 입양 친척

행동 유전학자에게 "입양"은 두 그룹을 만듭니다. 유전적 친척(생물학적 부모와 형제자매)과 환경적 친척(입양 부모와 형제자매). 성격이나 다른 특정 특성에 대해 입양된 아이들이 그들의 유전자를 기여한 생물학적 부모와 더 비슷한지, 아니면 가정 환경을 제공한 입양 부모와 더 비슷한지 물어볼 수 있습니다. 그 가정 환경을 공유하면서 입양된 형제자매가 특성을 공유하게 될까요?

수백 가족을 대상으로 한 연구에서 놀라운 발견은, 일란성 쌍둥이를 제외하고, 생물학적 관련 여부에 상관없이 함께 자란 사람들이 성격 면에서 크게 닮지 않는다는 것입니다. 외향성 및 호감성 같은 성격 특성에서 입양된 사람들은 입양 부모보다 생물학적 부모와 더 유사합니다.

가족의 자녀들이 공유하는 환경은 그들의 성격에 거의 눈에 띄는 영향을 미치지 않습니다. 같은 가정에서 자란 두 입양아들은 다른 가정에서 먼 곳에 사는 아이와 성격 특성을 공유할 가능성이 더 큽니다. 유전은 다른 영장류의 성격에도 영향을 미칩니다. 양육된 어미에 의해 자란 원숭이들은 그들의 생물학적 어미보다 입양 어미와 더 닮은 사회적 행동을 보였습니다. 함께 또는 따로 자란 일란성 쌍둥이의 유사성을 생각해 보세요, 이는 공유된 양육 환경의 효과보다 훨씬 큽니다.

유전적 족쇄는 가족 환경이 성격에 미치는 영향을 제한할 수 있지만, 입양 부모의 양육이 효과가 없다는 것을 의미하지는 않습니다. 부모는 자녀의 태도, 가치관, 매너, 정치, 신앙에 영향을 미칩니다. 부모의 양육과 부모가 자녀를 배치한 문화 환경은 중요합니다.

입양 가정에서는 자녀 방치나 학대, 부모의 이혼 같은 문제가 드물며, 이는 입양 부모가 철저히 심사되기 때문입니다. 따라서 입양된 아이들은 대체로 안정적인 환경에서 자라게 됩니다. 비록 입양된 아이들이 심리적 장애를 겪을 가능성이 다소 있지만, 영아 시기에 입양된 경우 특히 잘 적응하며 건강하게 성장합니다. 입양 부모의 헌신 덕분에 이들은 평균적으로 더 이타적이고 헌신적인 성격을 가지게 됩니다. 또한, 실제로 많은 입양된 아이들이 생물학적 부모나 자란 환경에 비해 지능 테스트에서 더 높은 점수를 얻으며, 더 행복하고 안정된 성인으로 성장합니다. 대부분의 입양된 아이들은 입양을 통해 긍정적인 영향을 받습니다.

C. 유전 가능성

우리가 흔히 묻는 질문 중 하나는 "성격은 유전으로 결정될까, 아니면 환경에 의해 형성될까?"입니다. 이는 마치 운동장의 크기가 길이 때문인지, 아니면 너비 때문인지를 묻는 것과 같습니다. 실제로는 길이와 너비 둘 다 운동장의 크기를 결정하는 중요한 요소입니다. 마찬가지로, 유전과 환경도 모두 우리의 성격에 큰 영향을 미칩니다.

과학자들은 쌍둥이 연구와 입양 연구를 통해 유전과 환경의 영향을 분석합니다. 이를 통해 '유전 가능성'이라는 개념을 도입하게 되었습니다. 유전 가능성은 한 그룹 내에서 사람들이 서로 다른 이유가 유전자에 얼마나 기인하는지를 측정하는 개념입니다. 예를 들어, 여러 성격 특성 중에는 유전적 요인이 큰 역할을 하는 것들도 있지만, 환경적인 요인이 더 큰 영향을 미치는 경우도 있습니다.

흥미로운 점은 환경이 모두 동일해지면, 유전이 차이를 만드는 주요 원인이 된다는 것입니다. 만약 모든 학교가 똑같이 우수하고, 모든 가정이 똑같이 사랑을 주며, 모든 지역이 똑같이 건강하다면, 환경으로 인한 차이는 줄어들 것입니다. 그 결과, 사람들 간의 차이는 주로 유전적인 요인에 의해 발생하게 됩니다. 반대로, 모든 사람이 유전적으로 비슷하지만, 매우 다른 환경에서 자란다면, 그 차이는 유전보다는 환경에서 비롯될 것입니다.

d. 유전자와 환경의 상호작용

인간의 놀라운 특징 중 하나는 우리의 적응력입니다. 어떤 인간 특성은 거의 모든 환경에서 비슷하게 발달하지만, 다른 특성은 특정 환경에서만 나타납니다. 예를 들어, 여름에 맨발로 다니면 발이 굳은살이 생기지만, 신발을 신으면 그렇지 않게 됩니다. 이러한 차이는 환경의 영향일 뿐만 아니라, 우리의 신체가 환경에 적응한 결과이기도 합니다.

유전자와 환경은 단순히 각각의 역할을 하는 것이 아니라, 서로 긴밀하게 상호작용합니다. 예를 들어, 특정 유전자는 어떤 사람을 더 스트레스에 취약하게 만들 수 있지만, 같은 유전자를 가진 사람이라도 환경이 다르면 전혀 다른 반응을 보일 수 있습니다. 이러한 유전자-환경 상호작용 연구는 누가 스트레스나 학대로 인해 더 큰 위험에 처할 가능성이 있는지, 또는 누가 특정 중재에서 더 큰 이익을 얻을 수 있는지를 이해하는 데 중요한 정보를 제공합니다.

e. 분자 행동 유전학

행동 유전학자들은 이제 단순히 "유전자가 행동에 영향을 미치는가?"라는 질문에서 더 나아가, "어떻게 유전자가 환경과 상호작용하여 우리의 행동을 형성하는가?"라는 질문에 집중하고 있습니다. 이 연구는 분자 유전학이라는 생물학의 하위 분야에 기반을 두고 있으며, 유전자의 구조와 기능을 연구하여 특정 행동에 어떤 유전자가 관여하는지를 밝혀내는 것입니다.

예를 들어, 체중은 하나의 유전자가 아닌 여러 유전자가 함께 작용한 결과입니다. 어떤 유전자는 우리가 얼마나 빨리 포만감을 느끼는지, 다른 유전자는 근육이 얼마나 많은 연료를 필요로 하는지를 결정합니다. 이렇게 여러 유전자가 상호작용하여 우리의 체중을 결정짓는 것입니다.

f. 후성유전학

유전자는 항상 활성화되어 있는 것이 아니라, 특정 조건에서 활성화되거나 비활성화될 수 있습니다. 후성유전학은 환경이 유전자 발현에 어떻게 영향을 미치는지를 연구하는 학문입니다. 예를 들어, 아프리카 나비는 여름에는 초록색이지만, 가을에는 갈색으로 변합니다. 이는 온도에 따라 유전자의 스위치가 켜지거나 꺼지기 때문입니다.

우리의 경험도 유전자의 발현에 영향을 미칠 수 있습니다. 특정 경험은 유전자의 일부를 '끄게' 만들어 해당 유전자가 더 이상 단백질을 생성하지 않게 합니다. 이러한 후성유전적 변화는 우리의 생활 속에서 나타나며, 심지어는 다음 세대에까지 전달될 수 있습니다. 예를 들어, 조부모가 특정 냄새와 불쾌한 경험을 연관짓도록 학습된 쥐들은 그 냄새에 처음 노출될 때부터 두려움을 느끼는 경향이 있습니다.

진화심리학: 인간 본성 이해

행동유전학자들은 인간의 차이가 어디서 오는지, 즉 유전적 요인과 환경적 요인이 어떻게 인간의 차이를 만들어 내는지를 탐구합니다. 반면, 진화심리학자들은 우리 인간이 왜 이렇게 비슷한지를 더 많이 연구합니다. 그들은 찰스 다윈이 제안한 '자연 선택'의 원리를 사용합니다. 자연 선택이란, 특정 환경에서 생존과 번식에 유리한 특성이 그 환경 내에서 경쟁하는 다른 특성 변이들보다 후대에 더 많이 전달될 가능성이 크다는 원리입니다.

a. 자연 선택과 적응

선택적 교배에서는 번식에 유리한 특성이 선택되어 점차적으로 지배적이 됩니다. 이 방법은 개의 다양한 품종을 만들어내는 데 사용되었습니다. 각 품종은 목양, 회수, 추적, 지시 등의 특정 특성을 가지고 있습니다. 심리학자들은 동물들을 차분하거나 반응적이게, 학습 속도가 빠르거나 느리게 길들이기 위해서도 선택적 교배를 사용했습니다.

그렇다면 자연에서 일어나는 자연 선택도 동일한 방식으로 작용할까요? 자연 선택이 인간의 경향성을 설명할 수 있을까요? 실제로, 자연은 각 인간의 잉태 시에 생성되는 새로운 유전자 조합과 때때로 발생하는 돌연변이, 즉 유전자 복제 과정에서의 무작위 오류들 중에서 유리한 변이를 선택해왔습니다. 그러나 개가 회수하는 습성이나, 고양이가 점프하는 습성, 또는 새가 둥지를 짓는 습성에 대한 유전적 제약은 인간에게는 덜 강하게 작용합니다. 우리 조상들의 역사 속에서 선택된 유전자들은 단순히 제한된 행동을 하도록 하는 것이 아니라, 우리가 다양한 환경에서 살아갈 수 있는 학습 능력을 제공합니다. 유전자와 경험이 함께 뇌를 연결합니다. 다양한 환경에 적응할 수 있는 우리의 유연성은 생존과 번식 능력, 즉 '적합성(fitness)'에 기여합니다.

b. 진화적 성공이 유사성을 설명하는 방법

인간의 차이는 우리의 주의를 끌곤 합니다. 기네스 세계 기록은 가장 키가 큰 사람, 가장 나이 많은 사람, 가장 털이 많은 사람, 그리고 가장 문신이 많은 사람 등을 통해 우리를 즐겁게 해줍니다. 하지만 우리의 깊은 유사성도 설명이 필요합니다. 공항의 국제 도착 구역에서 보면 여러 나라 사람들의 얼굴에 같은 기쁨이 나타나는 것을 볼 수 있습니다. 인간 진화 덕분에, 우리의 공통된 인간적 특성들—우리의 감정,

욕구, 그리고 이성—은 서로 다른 문화 속에서도 보편적인 논리를 보여 줍니다.

우리의 유사성은 공통된 인간 게놈과 유사한 유전적 프로파일에서 기인합니다. 인류의 유전적 차이 중 5% 이하만이 인구 집단 간의 차이에서 발생합니다. 약 95%의 유전적 변이는 집단 내에서 존재합니다.

우리의 공통된 인간 게놈은 조상들이 생존을 위해 직면했던 중요한 질문들에 대해 형성되었습니다. "누가 내 동료인가?", "누가 내 적인가?", "누구와 짝을 이루어야 할까?", "무슨 음식을 먹어야 할까?" 이러한 질문에 더 잘 대답할 수 있었던 사람들이 더 성공적으로 살아남았습니다. 예를 들어, 임신 첫 3개월 동안 메스꺼움을 경험한 여성들은 유전적으로 특정한 쓴맛이나 강한 맛의 음식을 피하도록 되어 있었습니다. 이러한 음식을 피하는 것이 태아 발달에 유익했기 때문에, 이러한 유전적 성향을 가진 여성들이 다음 세대로 유전자를 전달할 수 있었습니다. 초창기 인류 중에서 영양가 있는 음식을 먹고 독이 있는 음식을 피한 사람들은 살아남아 유전자를 전달할 수 있었지만, 표범이 애완동물이라고 오판한 사람들은 살아남지 못했습니다.

마찬가지로, 자손을 낳고 돌보는 데 성공한 사람들도 더 많은 후손을 남길 수 있었습니다. 수천 년 동안, 짝짓기나 자녀 양육에 소극적인 사람들의 유전자들은 인간의 유전자 풀에서 사라졌습니다. 이렇게 성공적인 유전자들이 계속 선택되면서, 우리의 선사시대 조상들은 생존하고 번식하며, 그들의 유전자를 미래로, 그리고 우리에게까지 전달할 수 있는 행동 경향과 학습 능력을 발달시켰습니다.

우리의 문화적 차이에도 불구하고, 인간은 보편적인 도덕적 감각을 공유합니다. 우리의 공통된 도덕적 본능은, 직접적인 해악을 가하는 것이 처벌받던 작은 집단에서 살아가던 먼 과거에서부터 유래된 것입니다. 진화 이론은 부모의 돌봄, 공통된 두려움, 욕망과 같은 많은 보편적인 인간의 경향이 우리의 진화 역사를 통해 설명될 수 있다고 제안합니다.

우리는 이 선사시대의 유산을 물려받은 존재로서, 우리의 조상들이 생존하고 번식하는 데 도움이 되었던 방식으로 행동하도록 유전적으로 준비되어 있습니다. 그러나 어떤 면에서는 우리는 더 이상 존재하지 않는 세계에 생물학적으로 준비되어 있습니다. 우리는 단 음식을 좋아하고 지방을 좋아합니다. 이는 음식이 부족할 때를 대비해 몸을 준비시켰던 조상들의 생활방식 덕분입니다. 그러나 이제는 사냥이나 채집을 통해 음식을 얻기보다, 패스트푸드점과 자판기에서 단 음식과 지방을 쉽게 찾을 수 있습니다. 이러한 우리의 자연스러운 성향은 오늘날의 인스턴트 음식과 종종 비활동적인 생활방식과는 맞지 않습니다.

c. 현대의 진화심리학

다윈의 진화론은 생물학의 근본적인 조직 원리가 되었고, 오늘날에도 여전히 진화적 원칙을 심리학에 적용함으로써 그 영향을 미치고 있습니다. 다윈은 자신의 연구에서 심리학이 진화적 통찰을 바탕으로 새로운 기초 위에 서게 될 것이라고 예견했습니다. 이 변화는 새로운 연구 분야를 열었으며, 인간 행동과 정신 과정을 진화의 관점에서 더 깊이 이해할 수 있게 되었습니다.

이후의 장에서 우리는 진화심리학자들이 관심을 가지는 여러 질문을 다룰 것입니다. 왜 유아들은 움직이기 시작할 무렵 낯선 사람을 두려워하기 시작할까요? 왜 더 위험한 위협(예: 총기나 전기)에 비해 거미, 뱀, 높은 곳에 대한 공포증을 가진 사람들이 더 많을까요? 그리고 왜 안전한 항공 여행보다 위험한 운전에 대해 더 많은 두려움을 느낄까요?

진화심리학자들이 어떻게 사고하고 추론하는지를 이해하기 위해, 그들이 남성과 여성의 유사점과 차이에 대한 두 가지 질문에 어떻게 답하는지 살펴보겠습니다. 남성과 여성은 어떻게 유사하고, 그들의 성적 행동은 어떻게 그리고 왜 다를까요?

역사 속에서 많은 유사한 도전과제를 마주해온 남성과 여성은 유사한 방식으로 적응해 왔습니다. 우리는 같은 음식을 먹고, 같은 위험을 피하며, 비슷한 방식으로 인지하고, 배우고, 기억합니다. 진화심리학자들은 남성과 여성이 생존과 번식에 대한 적응적 도전 과제를 다르게 경험했을 때, 특히 번식과 관련된 행동에서 차이가 나타난다고 주장합니다.

d. 남녀의 성적 차이

우리의 차이는 분명합니다. 예를 들어, 성적 욕구를 생각해 봅시다. 남성과 여성 모두 성적 욕구를 가지고 있으며, 어떤 여성은 많은 남성보다 더 강한 성적 욕구를 가질 수도 있습니다. 그러나 평균적으로 누가 성에 대해 더 많이 생각할까요? 누가 더 자주 자위를 할까요? 누가 성행위를 더 자주 시작할까요? 누가 더 많은 포르노를 볼까요? 전 세계적으로 그 답은 '남자'입니다. 전 세계 20만 명 이상의 사람들을 대상으로 한 설문 조사에서, 남성들은 더 강한 성적 욕구를 가지고 있으며, 성적으로 흥분하기 위해 많은 자극이 필요하지 않다고 더 강하게 동의했습니다.

문화 전반에 걸쳐 남성은 여성보다 성적 활동을 더 자주 시작하는 경향이 있습니다. 이는 남성과 여성 간의 성적 차이 중 가장 두드러진 차이지만, 다른 차이도 존재합니다. 예를 들어, 이성애자 남성들은 종종 여성의 관심에 더 민감하며, 친절한 행동을 성적 관심으로 잘못 해석하는 경향이 있습니다. 한 속도 데이트 연구에서 남성들은 자신의 파트너가 표현한 성적 관심을 실제로 파트너가 보고한 것보다 더 많이 느꼈다고 생각했습니다.

이러한 성적 차이와 유사성은 성적 지향과 관계없이 나타납니다. 예를 들어, 레즈비언과 비교할 때, 게이 남성은 (이성애자 남성처럼) 시각적 성적 자극에 더 많이 반응하며, 파트너의 신체적 매력에 더 많은 관심을 기울입니다. 게이 남성 커플은 레즈비언 커플보다 더 자주 성관계를 맺으며, 비전제 성관계에 대한 관심도 더 높습니다.

e. 자연 선택과 번식 선호

자연 선택은 생존과 번식에 기여하는 특성과 욕구를 선택합니다. 진화심리학자들은 이 원리를 사용하여 남성과 여성이 침실에서는 다르지만, 직장에서는 덜 다르다고 설명합니다. 우리 안에 있는 자연스러운 욕망은 유전자가 자신을 번식시키는 방법이라고 말합니다.

왜 여성은 성적 파트너를 선택할 때 남성보다 더 신중할까요? 여성에게는 더 많은 위험이 따르기 때문입니다. 여성은 자신의 유전자를 미래로 전달하기 위해 최소한 임신을 하고, 9개월 동안 몸 속에서 태아를 보호해야 하며, 종종 출산 후에도 여러 달 동안 아이를 돌보아야 합니다. 이 때문에 여성은 대개 공동 자녀를 지원하고 보호할 수 있는 파트너를 선호합니다. 이를 통해 여성은 헌신적인 남성을 선택할 가능성이 더 큽니다. 이성애자 여성들은 일반적으로 날씬한 허리와 넓은 어깨를 가진, 즉 번식 성공의 징후로 여겨지는 남성에게 끌립니다. 그들은 또한 성숙하고, 지배적이며, 대담하고, 부유해 보이는 남성을 선호합니다. 반면, 남성은 대개 매끄러운 피부와 젊은 체형을 가진 여성에게 끌리며, 이는 건강과 생식력을 나타내는 징후로 여겨집니다.

이러한 선호는 문화와 시대를 초월하여 일관되게 나타납니다. 번식에 유리한 특성을 가진 여성과의 짝짓기는 남성에게 자신의 유전자를 전달할 가능성을 높입니다. 남성은 대개 엉덩이보다 허리가 약 3분의 1 더 좁은 여성에게 끌리는데, 이는 생식 능력의 징후로 여겨집니다. 이 선호는 맹인 남성에게서도 나타납니다. 남성은 또한 조상들의 최고 생식기와 일치하는 연령대의 여성을 선호합니다. 청소년 남성은 자신보다 약간 더 나이가 많은 여성에게 가장 많이 끌리며, 20대 중반 남성은 자신과 비슷한 연령대의 여성을 선호하고, 나이 든 남성은 더 젊은 여성을 선호합니다. 이 패턴은 다양한 문화에서 일관되게 관찰됩니다.

여기에는 진화심리학자들이 말하는 중요한 원리가 있습니다. 자연은 유전적 성공을 높이는 행동을 선택합니다. 우리는 움직이는 유전자 기계로서, 우리의 유전자가 우리의 환경에서 효과적이었던 것을 선호하도록 설계되었습니다. 조상들은 자식을 낳고 손자손녀를 만들며 행동하도록 유전적으로 준비되어 있었습니다. 그렇지 않았다면, 우리는 존재하지 않았을 것입니다. 그들의 유전적 유산을 물려받은 우리는 마찬가지로 그런 경향을 가지고 있습니다.

f. 진화적 관점에 대한 비판

일부 비평가들은 오늘날의 행동을 수천 년 전 먼 조상들의 결정에 근거해 설명하는 것이 적절한지 의문을 제기합니다. 그들은 문화적 기대도 성 행동에 영향을 미친다고 주장합니다. 성평등이 더 큰 문화에서는 남성과 여성 간의 행동 차이가 더 작습니다. 이러한 비평가들은 사회적 학습 이론이 더 나은, 더 즉각적인 설명을 제공한다고 믿습니다. 우리는 모두 특정 상황에서 어떻게 행동해야 하는지에 대한 문화적 지침인 '사회적 스크립트'를 배웁니다. 다른 사람들을 관찰하고 모방함으로써 여성은 낯선 사람과의 성적 만남이 위험할 수 있으며, 우연한 성관계가 큰 즐거움을 제공하지 않을 수 있음을 배울 수 있습니다. 이 대안적 설명은 여성이 성적 만남에 대한 반응을 문화적 가르침에 따라 행동한다고 시사합니다. 마찬가지로, 남성의 반응은 "진정한 남자는 모든 성적 기회를 잡아야 한다."는 것과 같은 배운 사회적 스크립트를 반영할 수 있습니다.

두번째 비판은 진화적 설명을 받아들이는 것이 가져올 사회적 결과에 초점을 맞춥니다. 이성애자 남성들은 정말로 접근해 오는 모든 여성과 성관계를 맺도록 하드와이어링되어 있을까요? 그렇다면, 남성들은 파트너에게 충실할 도덕적 책임이 없다는 것일까요? 이 설명이 "남자니까 어쩔 수 없어."라는 식으로 남성의 성적 공격성을 정당화하는 것은 아닐까요?

진화심리학자들은 우리 자신이 하드와이어링되어 있는 많은 부분이 아닌 것이라고 동의합니다. 유전자는 운명이 아닙니다. 진화심리학자들은 남성과 여성이 비슷한 적응 문제에 직면했기 때문에 서로 더 비슷하다는 점을 상기시킵니다. 자연 선택은 우리를 유연하게 준비시켰습니다. 우리는 다양한 환경에 적응할 수 있는 뛰어난 학습 능력과 사회적 진보 능력을 가지고 있습니다. 우리는 북극에서든 사막에서든 적응하고 살아남습니다.

진화심리학자들은 또한 자살과 같은 일부 특성이나 행동은 자연 선택으로 설명하기 어렵다는 점에 대해 비평가들과 동의합니다. 하지만 그들은 진화심리학의 과학적 목표를 기억해 달라고 요청합니다. 자연선택의 원리를 사용해 검증 가능한 예측을 제공함으로써 행동과 정신적 특성을 설명하는 것입니다. 예를 들어, 사람들은 자신과 유전자를 공유한 사람이나 나중에 그 은혜를 돌려줄 수 있는 사람을 위해 더 많은 호의를 베풀 것이라는 예측을 할 수 있습니다. 이 예측이 맞을까요? 맞습니다. 진화심리학자들은 우리가 어떻게 형성되었는지에 대해 연구하는 것이 우리가 어떻게 행동해야 하는지를 결정짓는 것은 아니라고 상기시킵니다. 우리의 경향성을 이해함으로써 우리는 그것을 극복할 수 있습니다.

g. 자연, 양육, 그들의 상호작용에 대한 성찰

우리의 조상들은 우리를 종으로서 형성하는 데 도움을 주었습니다. 변이와 자연 선택, 그리고 유전이 존재하는 한 진화는 일어납니다. 우리 어머니의 난자가 아버지의 정자를 받아들이는 순간, 유일무이한 유전자 조합이 생성되어 우리의 공통된 인간성과 개별적인 차이를 예견했습니다. 우리의 유전자는 우리를 형성합니다. 이것이 인간 본성에 대한 큰 진리입니다.

그러나 우리의 경험 또한 우리를 형성합니다. 가족과 친구 관계는 우리가 어떻게 생각하고 행동할지를 가르칩니다. 우리 본성에 의해 시작된 차이는 양육에 의해 확대될 수 있습니다. 만약 남성이 여성보다 신체적으로 더 공격적이도록 유전자와 호르몬이 기여했다면, 문화는 이 성 차이를 확장할 수 있습니다. 예를 들어, 남성이 마초적인 행동을 보이면 보상을 주고, 여성에게는 부드러운 행동을 장려하는 문화가 형성된다면, 각 성별은 그러한 역할에 맞게 행동할 것입니다. 역할은 그 주체를 재형성합니다. 대통령은 시간이 지나면서 더 대통령다워지고, 하인은 더 순종적이 됩니다. 성 역할도 마찬가지로 우리를 형성합니다.

우리는 자연과 양육의 산물이지만, 동시에 우리는 열린 시스템입니다. 유전자는 어디에나 존재하지만 모든 것을 지배하지는 않습니다. 사람들은 자신의 유전적 역할을 거부하고 번식을 하지 않기로 선택할 수도 있습니다. 문화 역시 어디에나 존재하지만 모든 것을 지배하지는 않습니다. 사람들은 동료의 압력에 저항하고 사회적 기대를 거부할 수 있습니다.

또한 우리는 나쁜 유전자나 나쁜 영향만을 탓하며 우리의 실패를 변명할 수 없습니다. 실제로 우리는 우리의 세계를 만드는 동시에 그 세계의 창조자이기도 합니다. 우리에 관한 많은 것들-예를 들어 성 정체성이나 짝짓기 행동-은 유전자와 환경의 산물입니다. 그러나 미래로 이어지는 흐름은 현재의 선택을 통해 이루어집니다. 오늘 우리의 결정이 내일의 환경을 설계합니다. 인간의 환경은 단순히 일어나는 날씨와 같은 것이 아닙니다. 우리는 그 환경의 설계자입니다. 우리의 희망, 목표, 그리고 기대가 우리의 운명에 영향을 미칩니다. 그리고 이것이 문화를 다양하게 만들고 변화시키는 힘입니다. 마음은 중요한 역할을 합니다.

세포는 원자의 행동만으로는 완전히 설명될 수 없으며, 마음도 세포의 활동만으로는 설명되지 않습니다. 심리학은 생물학에 뿌리를 두고 있으며, 생물학은 화학에, 화학은 물리학에 뿌리를 두고 있습니다. 그러나 심리학은 응용 물리학 이상의 것입니다. 소통은 단지 공기가 성대를 넘어 흐르는 것 이상의 것입니다. 우리는 단순히 떠들어대는 로봇이 아닙니다. 뇌는 생각을 만들고, 생각은 뇌를 변화시킵니다.

마음이 뇌를 이해하려고 하는 것은 궁극적인 과학적 도전 중 하나입니다. 그리고 그 도전은 언제나 계속될 것입니다. 너무 단순해서 완전히 이해할 수 있는 뇌는, 마음을 만들어 낼 수 없을 정도로 단순합니다.

생물심리학 입문

초판 1쇄 발행 2024년 9월 30일

지은이 박선영
펴낸이 이기봉
편집 좋은땅 편집팀
펴낸곳 도서출판 좋은땅
주소 서울특별시 마포구 양화로12길 26 지월드빌딩 (서교동 395-7)
전화 02)374-8616~7
팩스 02)374-8614
이메일 gworldbook@naver.com
홈페이지 www.g-world.co.kr

ISBN 979-11-388-3459-9 (03470)